我把冰箱變財庫！

別人存股，
我存食材一樣賺！

目錄
Contents

Chapter 3　鎖鮮不變味的食材便利包

Chapter 4　節省備料時間的生鮮快煮包

Chapter 5　到家立刻開飯的加熱即食包

作者序

　　在這個網路發達的時代，想做料理絕對不是問題，因為有豐富的網路資訊、各種精美的食譜書能輔助你下廚，但事前備菜才是最麻煩的事。在影片中看起來只花幾分鐘就能完成的菜色，實際上至少要花一小時或半小時先準備食材，洗、切、去皮去籽、醃入味…等麻煩辛苦的前置作業，是讓許多人寧願選擇外食的原因之一。

　　繁瑣的備料和收拾程序的確令人卻步，另外還有食材保存的問題。太多學生和朋友跟我說他們不想下廚是因為「食材容易被放到爛」、「每次買一大個都用不完」，覺得浪費掉的食材費比外食還高。其實，無論備料、保存都是有方法的，而且任何人都學得會，本書設計的食材處理和保存概念最適合想為自己健康煮，但希望更有效率的族群，無論你是健身族、正在減重的朋友、為了家人幾乎得天天煮的煮婦們、想存錢的小資族，只要學會這套食材管理法，不僅能解決各種料理困擾，長期下來會發現真能省到錢又賺到健康！

　　別人存股，我存食材，一樣賺很大！從食開始的「理財術」是我實踐多年的日常生活，因為我認為健康的身體才是世上最大的財富，希望這本書陪你也把冰箱變成守護錢財跟健康的財庫！

食材保存研究家　楊賢英

Chapter

1

冰箱是我的
穩賺不賠小金庫

最會和冰箱打交道的楊賢英老師，長年研究如何把
冰箱變成自家財庫、食材保存小技巧，多年下來，
不僅讓她省錢存錢以及投資理財、多次環島、改造
想要的廚房，還成功減重 12 公斤，活用冰箱這個
家電幫手發揮它的最大效用和隱藏價值。

當個不專業主婦，持家才輕鬆

　　比溫柔婉約、比賢淑，我想沒有人能超越我，我除了廚藝不精之外，其他都是滿分的。剛結婚時，我家先生——孟爺早上起床前，我就把他要穿的衣服、褲子、襪子都擺在床頭櫃，他刷牙的時候，我已經備好早餐在餐桌等他；出門上班時，我一定會在門口拿著鞋拔等他，然後就會開始洗衣、打掃、整理屋子，再來收衣服、燙衣服，還要帶兩個雙胞胎寶貝。他下班回到家後，熱騰騰的飯菜就已經在餐桌等他了；洗澡時，內衣、睡衣也已經放在床上了，後來他變成高級主管，我也升級為領帶主任，負責幫他選領帶、打領帶的造型師工作。

二十多年前，我朋友邀我去歐洲，要我陪她打理女兒的婚事順便遊玩，那次去將近一個月的時間。回台灣的路上，我想，一定有成堆髒衣服等著我，我帶著收拾垃圾場的心情回到家，沒想到，看到曬衣架上一整排衣服晾著，洗衣籃裡只有幾件衣服。回國第二天開始，我像以往那樣洗衣服，沒想到孟爺生氣地拿著我洗的衣服跟我說：「這一個月，我的內衣始終都是白色的，妳一回來碰洗衣機，我的內衣就東一塊藍色、西一片紅色，以後不准碰洗衣機了」。

從此我再也沒有碰洗衣機，我家也沒堆滿髒衣服，孟爺的內衣也一直潔白無瑕。這件事讓我察覺到原來孟爺是家事潛力股，而我以前的賢淑是阻礙他成為家事高手的元兇，從那時起，挖掘他的潛能成了我的興趣，而自廢武功則是我的課業。

先求有，再求好，讓家人不排斥家事

要自廢武功的首要條件：必須**學會睜一隻眼閉一隻眼**。孟爺做家事常常讓有小小強迫症的我難以忍受，像是買菜回來裝菜的塑膠袋，他可以讓它們一直在桌上；吃完餅乾的紙盒，他可以視若無睹的推到桌邊，喝完水的杯子擺在桌上就回房睡覺了…。我曾經生氣地大聲唸他，但是他一臉不在意，認為這種小事，沒必要大聲發脾氣，到底要讓孟爺繼續當大爺，還是每天發脾氣但沒結果的執意讓他做家事？又再度考驗我的智慧了。

我假設孟爺不是不肯做，而是完全不會做，我在想，是不是我太強、太專業讓孟爺不知如何接手才符合我的標準？所以我決定把對家事成果的要求降到最低，設定的滿分程度就是**「有做就好」**，只要讓孟爺**先自然愉快地接觸家事**。

　　後來，我把家事的 SOP 列出來，把做家事需要用到的技術跟體力分開來，需要技術的由我來，需要體力跟耐力的部分交給有天份的孟爺。例如：摺衣服需要技巧就交給我（因為小小強迫症的我，衣服必須方方正正的）；放回衣櫥需要體力耐力，就讓孟爺做；吸地拖地需要體力，那當然是孟爺啦！

　　起初，我常常分不清哪個是技術活、哪個是體力活，後來漸漸發現到大部分家事都屬於體力活，像是買菜回來後的塑膠袋需要體力摺，炒菜煮飯更是超大體力活，更發現孟爺在不少家事上擁有自創的技術，也漸漸變成專業了。我開始感覺自己越來越弱到只會發號施令了，唉呀，看來我漸漸失去專業了，不過我可是為了未來偉大的家事執行長（對，是讓他親自執行）而犧牲自己專業的。於是，我開始從其他家事中找尋能發掘新專業的項目（可不能讓剛結婚的先生小看我！），那就是「幫他好好花錢」。

從食開始，不專業主婦的花錢持家術

　　從十多年前開始，每次媒體來採訪我，都幫我冠上「省錢達人」稱號，其實我很不喜歡這個稱號，甚至被許多人誤解我的生活過得非常清寒。因為一提到「省錢」就等於跟寒酸、吝嗇連結在一起，讓人覺得「省錢」是件痛苦又壓抑的事，這不是我要的生活，而且也完全不符合我的行事風格。因為其實我是一個超級會花錢及超級敢花錢的人。所以，當孟爺聽到我被媒體稱為「省錢達人」的時候，差一點就笑掉大牙還直說：「全世界的人都可能是省錢達人，但妳絕對是花錢達人」。

很多人都不知道，我會嫁給孟爺的原因除了愛情之外，還有他能滿足我的購買慾望，孟爺是非常享樂主義的人，他認為「賺錢的目的就是為了快樂花錢！」剛結婚時，他就跟我說，如果為了省錢要節衣縮食，那他努力賺錢就沒有意義了（當下說得很像他超會賺錢似的，哈哈），所以我們家有個原則「在不借錢的情況下，只要有想買的東西，那就開心買」。於是，在不違背孟爺的生活理念以及要展現我理家能力的情況下，「思考如何聰明花錢」就成了我的持家課題。

源自媽媽教我的食材管理概念

但當年剛成為新嫁娘的我，一開始要從哪裡開始著手規劃聰明花錢，我也摸不著頭緒，因為對於「老婆快樂就是自己快樂」的孟爺來說，他的購物慾不強、很少亂買衣服鞋子，衣著只要舒適自在就好，他似乎也不太在意房子大小，只希望乾淨整潔，這樣看來沒有我花錢表現的機會呀？後來慢慢察覺，只要到了吃飯時間，孟爺的表情總是顯得特別幸福，而且不管我煮什麼，他都很開心地吃著，我知道決不是因為廚藝（因為我不太會料理），當然用的也不是什麼高檔食材（我家最常出現的是青菜豆腐），原來讓孟爺感到滿足的不是珍饈美饌，而是吃的氛圍，跟家人一起吃飯讓他有幸福感。就這樣，我找到了方向——從「吃」開始思考如何花錢，但老實說，我一開始有點排斥天天下廚，因為不得要領，總覺得備料和做飯非常花時間。

還記得新婚時的我超級愛表現，總想讓孟爺知道他娶到一個賢內助，

即使自己零廚藝還是想煮，當時也和很多人一樣，買回食材後就直接丟冰箱，結果每餐都耗掉將近一個多小時在廚房裡。那時母親來我家，看到我手忙腳亂地做菜，就教我把食物先分包，她買了兩個大雞胸肉，沒有直接放冰箱，而是先把部分雞胸肉切成塊狀、部分切片。切塊的那一份加入胡椒、蒜末、鹽、糖和一點麵粉拌一拌，取八塊放塑膠袋；切片的那一份，加了醬油、糖、麻油還有胡椒粉稍稍抓醃，也分裝了四、五包。就這樣，兩個大雞胸肉迅速被分為兩種，然後要我放進冷凍庫保存。為什麼是八塊雞肉分一包呢？母親這樣告訴我：「切塊的是炸雞塊用，只需要退冰就能直接下鍋炸」，還說我吃兩塊、孟爺吃三塊、帶便當三塊，這樣八塊剛好，兩個人夠吃也不會有剩下，還吩咐我第二天用切片雞胸肉炒菜，母親說：「這樣菜色看起來有變化，而且老公也不會吃膩」，就算剛結婚的月薪有限也能讓全家人吃飽。

原來，做飯不用像打仗！「切好、調味、分包」讓我體驗到食材買回家就直接處理的便利性，往後的幾天，我就試著在孟爺下班前把雞肉退冰、拿出預洗好的蔬菜，一聽到他開門的聲音，才進廚房進行烹煮，所以他每天吃的都是熱騰騰上桌的飯菜。沒想到，母親啟蒙我的食材管理法不僅讓我的家人開心吃飯，養大一對早產兒雙胞胎、存下買房買車的錢，還讓我開始經營副業（本來我是紙藤手作專家，誰知道一不小心變成省錢達人、家事達人）我還從買菜和食材管理的經驗整理出一套菜市場經濟學，從此改變了我的人生。

比起省錢，我更喜歡花一樣的錢卻有多倍享受

累積幾十年的買菜心得下來，我更有感「聰明花錢」和「省錢」不太一樣，這兩者的出發點不同，聰明花錢是為了「買進自己能夠有效利用的東西」，並不是「只為了省下錢而壓抑花費或委屈自己」，更不會降低生活品質。而且對一個家庭來說，省錢絕不是一個人說想省就能省到的，必須是另一半也認可才可能成功。有一次在外面吃到一碗 170 元的牛肉麵，碗裡大約有四片牛肉，當下有個感受，就是在「吃」這方面的花費彈性可以很大。想想看，換成在家煮的話，同樣只花 170 元，但卻是全家人（一家四口）同樣擁有吃到四片牛肉的牛肉麵的升級享受，這只有「自己煮」才能做得到。所以，我決定從研究採買開始，加上自己煮來規劃每月伙食費，這樣既能享受花錢樂趣（逛市場挖寶實在太有趣了），家人又能

吃到自己精挑細選的新鮮食材。

　　有些朋友會說：「我就習慣外食啊！」我從不認為外食不好，外食是一種選擇，但我不會把外食當成日常，因為「吃」對我來說是每天重要的大事，和我自己、家人的健康有關，所以想要親自挑食材、煮一餐營養的料理給家人們享用，想要吃特別不一樣的味道或和朋友聚會時還是會外食，那時在外面吃反而讓我很興奮很期待！此外，無時間壓力地享受吃飯是我想要的飲食方式，但這件事也只有在家吃才可能達成，不被用餐時間所限制。現在的我覺得打理自己的三餐是非常幸福的事，也樂意為了自己及家人每天下廚，但不願意為了做飯花太多時間而耗盡心神和體力，因為婚前就立志當一位「不專業主婦」的我有很多想做的事、也想到處旅遊，所以刻意選擇「新鮮就是美食的當季食材」作為偷吃步，這樣即使調味簡單也好吃。既然決定要在「吃」上面聰明花錢，十幾年前我就開始長期研究菜價波動及食材採買如何配比，把買菜當成股市來好好投資！

跟我一起當「買菜投資客」，萬物皆漲我不怕

　　這些年，大家體驗過疫情嚴峻到幾乎窩居在家不敢外出的情況，當什麼都做不了的時候，才發現擁有健康是最重要的事；然而當疫情漸漸趨緩，原以為可以回到從前那樣舒適過日子、出國遊玩的時候，卻發現到所有物價已經變成原來的好幾倍，唯獨薪水數字不動如山…。心裡不自覺地想，

未來會不會又有別的疫情出現？物價是否會持續上揚？逐漸變扁的荷包撐得住世界不可逆的變化嗎？這種種變數都讓日子過得更沒安全感、更加辛苦。如果想要安心過日子，唯一的方法就是更努力賺錢，如果沒辦法比以前更會賺錢的話，就只能試著節省開銷過生活囉。

面對物價現況，有人投資股市賺錢，我則是投入菜市場賺錢，並且結合「聰明買」與「輕鬆煮」把冰箱打造成財庫。**只要懂得採買和保存的生財之術，管好冰箱讓你存下的不只是錢，還有自己和家人的健康，這是比金錢更好的寶藏！**當菜市場被我鎖定後，我就把各種食材看成投資標的，也會像投資客逢低買進那樣，找尋盛產的便宜食材，它們就是潛力股。也許有人會嗤之以鼻說：「也不過便宜個10、20元，這樣的小錢能做什麼？」但我深信：「賺1元不是賺，省1元才是賺」的至理名言，雖然不像股市大戶那樣動輒數萬或數十萬的賺，但是可以穩住一個家庭中浮動最大的支出，還可以控制預算，進而讓家裡的經濟狀況很穩固，對我來說就是家的定心丸，一個讓人安心的家就絕對是富有的。

即使菜價再怎麼高漲，也絕對比外食便宜很多，因為自己煮沒有店面租金要支付，也沒有人事管銷費用，還能自由挑選盛產的平價食材、依自己的喜好調整料理口味，你也清楚地知道每天吃進什麼，因此管理了人生最寶貴的健康，長期下來省掉看醫生的費用，這不是一舉數得嗎？這樣看來，有什麼理由不進場投資呢？所以，想要健康又想從中賺錢的人，真的一定要從自己買、自己煮開始，我就是最佳受惠者。

　　自從實踐這個方法以來，我的荷包沒有縮水，反而更有效掌控家中的其他費用，即使退休金微薄，但每天仍可以開心地吃（每天菜色幾乎不重複！）、能四處去旅遊（我和孟爺已經環島好幾次啦，而且常常到不同縣市 Long stay），更可以隨心修繕打造更舒適的窩（讓廚房、房間都變成我想要的樣子），而且最棒的是，食材管理還能配合我這幾年執行的飲食控制，讓我減下十多公斤，重新穿上以前買的衣服、氣色也比以前更好（好幾次坐捷運還被站務員攔下驗票，直說我怎麼可能用敬老卡！）看到這裡，你有一點點想要了解「買菜投資客」的方法了嗎？以下公開我的採買日記：

別小看主婦的儲金能力，聰明買菜是打造財庫的開始！

　　好多年了，上菜市場買菜時我都帶 1000 元，儘管物價上漲、通膨嚴重，我還是一直維持只帶 1000 元上菜市場的習慣（但不一定要花完），我只採買當季盛產食材，尤其是便宜的新鮮嬌嫩蔬菜；遇到風災雨災漲價的時候，我會選擇比較不會縮水以及不被天候影響的蔬食，互相搭配採買，好讓花費控制在 1000 元以內。

我的日常採買規劃

我的食材採買比例

我如何用6000元多讓全家人吃飽一個月？

（以下為我家2023年5月的食材支出表，採買場域包含傳統市場＋超市＋大賣場）

/// 傳統市場 ///

Week 1・第一週

4／30	生菜 1 斤	200 元
	菠菜 1 斤	40 元
	小黃瓜 1 斤	50 元
	小番茄 1 斤	70 元
	油豆腐 1 斤	40 元
	鳳梨 2 個	90 元
	蘋果 9 個	200 元
	玉米筍 10 根 + 玉米 300 公克	30 元

合計：**720 元**

Week 2・第二週

5／7	牛菜 1 斤	150 元
	烏殼綠筍 1 斤	120 元
	黑木耳 1 斤	80 元
	番茄 1 斤	55 元
	水果小黃瓜 1 斤	50 元
	青江菜 1 斤	30 元
	地瓜葉 1 斤	20 元
	香蕉 1 斤	42 元
	奇異果 8 顆	150 元
	雞蛋 60 顆	540 元

合計：**1237 元**

Week3・第三週

5／14	生菜 1 斤	180 元
	烏殼筍 1 斤	60 元
	番茄 1 斤	50 元
	鳳梨 4 個（小小的）	100 元
	玉米 3 條	50 元
	青江 1 斤	25
	地瓜葉 1 斤	25 元

合計：490 元

Week4・第四週

5／21	大陸妹 2 斤	20 元
	空心菜 2 斤	30 元
	芹菜 1 把 + 韭菜 2 把	50 元
	油豆腐 1 斤	50 元
	長豇豆 1 斤	40 元
	馬鈴薯 4 個	35 元
	蔥 1 大把	30 元

合計：255 元

Week5・第五週

5／28	生菜 4 兩	40 元
	萵苣 1 個 + 羅美心 3 棵	140 元
	番茄 10 個	50 元
	檸檬 8 個	50 元
	絲瓜 2 個	50 元
	豆干 1 斤	35 元
	鳳梨 1 個	60 元

合計：425 元

/// 超市 ///

5／2	高麗菜 1 大顆	49 元
	麵粉 3 公斤	125 元
	香油 1 瓶	60 元
	雞蛋豆腐 1 盒	87 元
	甜辣醬 1 瓶	59 元
	綠豆 1 包	79 元

合計：459 元

/// 大賣場（好市多）///

5／4	豬小里肌 1 公斤	621 元
	鯛魚片 1.5 公斤	629 元
	和風淋醬 1 瓶	159 元
	牛奶 1 瓶	249 元

5／25	冷凍白帶魚切片 1 公斤	399 元
	清雞胸肉 1 盒	489 元
	牛奶 1 瓶	249 元

合計：2795 元

這個月總計 6381 元！

超乎你想像的冰箱生財能力

　　大部分家庭的冷凍庫是滿滿的生鮮食材（海鮮、肉類⋯等），我家卻恰恰相反，我的冷凍庫食材擺放比例是葷食 1：蔬菜 3，蔬菜比生鮮食材多兩倍。因為從健康角度來看，每天吃的蔬菜量比生鮮食材多，所以我更重視蔬菜。若是遇到風災雨災發生的時候，漲幅最大的也是蔬菜類。若是災情嚴重，接下來蔥價就會暴漲 5 ～ 10 倍、高麗菜也是 4 ～ 5 倍，還有番茄更是天價⋯等，而每次看到這些新聞的時候，我都會感覺自己是「蔬菜富翁」，因為我的冷凍庫裡有滿滿蔬菜，這都要歸功於平常的超前佈署。

長期的買菜經驗告訴我，災情造成的短缺決不是一兩天就能解荒的，因為蔬菜生長需要時間，短則 1 ～ 2 個月，嚴重的時候可能要 3 ～ 4 個月，所以會有很長一段時間維持高價位。而生鮮食材（海鮮、肉類…等）相對容易取得，幾乎沒有漲價，所以漲幅震盪很大的蔬菜類才是我長期觀察菜市場及逢低買進的主要標的。

食材對我來說是「材」也是「財」，在一般人眼裡，蔬菜可能是只可以擺放一週的食材，但是我把食材看成短線或可長放的投資物，所以判斷食材的第一個想法是「它能不能長期放冷凍庫」，我把能冷凍的食材看成可以長抱的績優股，代表它有潛力做成儲備存糧，我會多買一些；只能放冷藏的食材則是極短線標的，對我來說，只需買保存期限內會吃完的量即可。

懂得保存法，就能逢低買進盛產美味

「聰明買菜」不是只會殺價或是專挑有瑕疵或便宜的商品，而是知道哪些可以多買、哪些不需要多買，很多人只知道冷凍庫適合放魚和肉類，其實冷凍庫更適合放蔬菜根莖類。若是了解哪些食材可以放冷凍庫的話，看到便宜又能冷凍的蔬菜時，就可以像我一樣大膽買進，像是青江菜，一般兩口之家的絕不敢買很多，但是我看到 10 元的青江菜，就決定當成儲備存糧處理，所以我敢買多，那時就是買到賺到，就算後續菜價上漲也不怕。所以，如何延續每月花費的經濟效益，就要在食材管理這方面下工夫了。

根據多年的採買經驗，我把伙食費預算抓在一個月 6000 ～ 7000 元左右（一個女兒結婚了，現在家裡是三個人吃飯），但是菜價就像是活絡的股市，漲幅震盪超級大，而漲跌取決於天候。我留意到春天、冬天的菜價普遍偏低且滿多食材適合放冷凍庫；而夏季食材的價錢偏高，這樣伙食費絕對超標，而且超標程度很可能是平時的 3 ～ 4 倍，所以必須以一年的均價來平衡每月消費。只要懂得活用冷凍保存法，看似短線的蔬菜根莖類就變成可長抱的績優股，在菜價低的時候把春季冬季食材做成儲備存糧，面臨缺乏蔬菜的高價季節時就能起到平衡作用。也就是說，想要控制買菜預算，得先學會食材冷凍、冷藏的方法，一年下來能賺到很多價差，其實超乎你的想像。

尤其像我這樣的年紀，特別在意「吃」對於身體健康的影響，自然知道什麼時候的食材是當季最新鮮以及買進價格最佳，當你在家吃著用 5 元一斤買進的番茄還加了滿滿蔥花的番茄蔥花炒蛋時，邊看電視新聞播報說「最近番茄一斤 140 元、蔥一斤也要 250 元」，難道不會覺得很爽嗎？快樂花錢的精髓在於能夠「花錢豪爽卻又省很大」，但如果不會保存方法，遇到盛產的超低價蔬菜時就不敢大膽買進了，等於錯失開心花錢的大好機會。想用這樣的方式從「食」賺錢，還得再加上「食材保存法」才能讓冰箱變財庫，而且即便你平時習慣在超市、大賣場買菜也沒問題，這套食材處理與保存法完全適用於不同採買習慣的族群。

短期標的－適合冷藏的食材

　　新鮮食材對我來說有兩種意義，它既是「財」更是「健康」，把花錢買回來的食物變成營養來源，打造全家人的健康，道理看起來簡單，但很多人卻忽略或無視於它的重要性。其實「食材管理」並沒有那麼複雜，只是利用買菜回來的空檔時間先做前處理，而且剛買回來的食材絕對比放入冰箱後再拿出的狀況好處理多了。我的食材處理主要分成冷藏和冷凍保存，冷凍保存又分為「食材便利包」、「生鮮快煮包」、「加熱即食包」三種（詳見 Chapter3、4、5），這些方法讓我不浪費食物、省時上菜，而且家人吃到的都是最新鮮的原型食材。

　　我個人覺得，懂得「食材管理」就像成功的投資客一樣，既然確定「食材」是我的投資標的，好好管理就是基本態度，將買進的食材做最完善的處理保存，避免腐壞而浪費了所花的每一塊錢。

適合冷藏的食材

　　一般冷藏庫的溫度是 0 ～ 10℃，所以保存期限不長，除了醃漬品或乾貨原本就是能長時間保存的食材之外，新鮮食材大約都只有十天左右的保存期限，就像是投資客的超級短線，必須要隨時盯著，才能在需要的時候快速脫手。既然是短線操作，保存時間不會長，我總是如履薄冰地每天盯盤，活用保存法保鮮，以免一不注意就讓食材壞掉而造成損失。

　　對我來說，適合冷藏或冷凍的判斷基準是：「一旦放冷凍庫後的口感、味道會變難吃的，就適合放冷藏保存」。像是蘿蔔糕，放冷凍後組織變鬆散，煎的時候會散散的，無論口感味道都變難吃，所以只能冷藏；若在 6 ～ 7 天之內沒吃完就會腐壞的食材，因為賞味期限很短，我也將它列為短期。

　　還有葉菜類一般適合冷藏保存，像是口感鮮嫩的葉菜類（例如：莧菜、生菜、大陸妹、A 菜、茼蒿…），但它們的保存期最多只有 10 天，而且是在妥善保存的情況下。不過，鮮嫩的定義因人而異，有些人會把花椰菜放冷凍庫，但我覺得花椰菜冷凍後的口感不好，所以不會放

冷凍；但是不介意冷凍花椰菜口感的人，就可以把花椰菜歸入長期儲備食材。

　　至於水果類的冷藏也有小訣竅，有人說香蕉、芒果、釋迦不能放冰箱冷藏，其實可以的，只要留意別直接放冰箱就行。因為它們都偏屬熱帶水果，易出現類似人類的感冒現象，導致表皮變黑，可以先包一層報紙當成水果的外套，就能避免此情況。我會將香蕉分成 2～3 根後包成一包；芒果、釋迦則用報紙包好，再放入塑膠袋，然後都放冷藏庫保存，這樣的方式能保鮮約一週。如果還是吃不完，切塊後放冷凍庫，取出後直接吃或打成冰涼果昔。

　　除了部分可以放常溫的食材，大多數食材都得在較低溫的環境才能延長保存期限，最重要的前提是：懂得保存訣竅，就能讓口感、美味不流失。至於不能當長期標的物的食材，我只會買剛剛好吃完的份量，才不會吃不完而浪費掉了。更多適合冷藏的食材前處理及保存法，將於 Chapter2、3 介紹給大家。

長期標的－適合冷凍的食材

　　能長期保存的食材對於我這種「菜市場投資客」來說，就是可以長抱的好物，不僅獲利高又穩當，所以我家冰箱最多的就是能放冷凍庫存放的食材。一般來說，冷凍庫的溫度是 -12 ～ -18℃，能把食物保存得更久，至少2個月。超適合在食材便宜的時候多買來當成儲備食材，就像存股一樣。萬一最近實在沒時間上市場買菜，或遇到某些食材漲價的時候，冷凍庫裡的食材們就能幫上大忙，絕對是省到賺到。那麼可以長抱的條件是什麼呢？

條件 *01* 冷凍後的口感、味道依然沒變,一樣好吃

如果食材放冷凍後的口感、味道都不好,自然不適合放冷凍庫。可是能不能接受,完全取決於個人感覺,我有一個超愛胡蘿蔔的朋友,就不能接受胡蘿蔔放冷凍後變得較軟的口感(我則愛軟的胡蘿蔔)。

條件 *02* 是家中常會用到的食材

若是不常用到的食材,表示需求很少,自然沒有必要佔據冰箱啦。但像蔥薑蒜,每天或每週烹調使用的頻率超級高,所以在我家冰箱空間裡的佔比就會比較大。

條件 *03* 是你自己喜歡的食材

若不是你或家人們會喜歡的,一旦放冷凍庫後就更不會拿出來使用。我有一個很討厭彩椒的朋友,學我把彩椒放冷凍庫,結果就這樣一直擺到天荒地老,始終沒有拿出來吃過。

因此,什麼食物可以放冷凍保存?嚴格來說,沒有一定的規則,只要是你會用、常用的、即便冷凍也不會變味變難吃的,那就可以放冷凍庫。從來沒試過這套食材保存法的超級新手,我建議從辛香料及番茄開始試試看。更多適合冷凍的食材前處理及保存法,同樣於Chapter2、3 詳細介紹。

「活用食材管理」＋「自己煮」適合哪些族群？

我的這套「食材管理法」可以延長食材的保存期，而且味道顏色不變，在某些食材盛產時儘管大膽買進賺價差，再加上自己煮（零廚藝的人也能完成，我就是最好的例子）就能天天吃到新鮮食材，特別適用於以下所有族群：

01 適合自己煮或家中人口少的族群

很多單身貴族或人口少的家庭都有一些下廚時的困擾，像是容易有剩材不會處理而導致常放到壞掉，或是份量太少很難煮…等。食材管理第一步的「分包」，就可以做到沒有剩材，大大降低浪費的可能，而「食材便利包」更是根據每個家庭的不同需求訂作專屬份量，即使小小份量都沒問題，最適合單身者或人口少的家庭了。

02 兒女都離巢的熟齡族群

很多和我年紀相仿的長輩們都有一樣的困擾，就是烹煮份量的改變。當兒女長大後，也許因為嫁娶離開家，吃飯的人口數變少；或是家人工作忙碌，在家吃的機會少很多…等，讓負責買菜的人很為難，每次想到買菜就頭痛，總怕買了又吃不完。面對傳統市場裡新鮮便宜的蔬菜，或是大賣場裡超大份量的美味生鮮，常常看了卻不敢買。長久下來，導致每天吃的食材都差不多，無法從多樣食材得到不同營養素，

同時也剝奪了採買及料理樂趣。而食材管理的分包法就可以解決這些困擾，讓採買的食材完全被妥善處理好，一點都不浪費。

03 適合需要體重控制或想要健康的族群

正值體重控制期的人最在意的是份量拿捏及熱量控制，最怕稍不注意就可能失控，導致減重前功盡棄。我的食材管理法能針對份量及熱量自由調整，你自己就能客製化最適合的「食材便利包」，來滿足需要控制體重的族群。

對於長期胖胖型的我來說，原本要減重是非常不可能的，尤其每天得烹煮家人伙食，還要花時間為自己另外弄一份減重飲食，真的難上加難。所以我後來把舊的食材管理法再次研究進化，讓我在短短半年之內輕鬆

減了將近 12 公斤，使原本膝蓋關節疼痛的狀況改善不少，身心輕盈許多、還穿回年輕時買的衣服，而且在減重期間仍能兼顧到家人的餐食。

04 需要特殊飲食的長輩或特殊族群

因為食材份量可以客製化，也很適合家有長輩、小朋友或長期生病者的特殊飲食需求，減少照顧者備餐的辛苦及麻煩，一次用同樣的食材做幾種變化。食材管理除了讓自己和家人常常能攝取不同食材、每日營養更豐富多元之外，也能自行控制食材烹煮的軟硬度。

05 適合不會料理的族群

下廚看似很難，該放哪些食材？怎麼調味？用幾分火候？我以前完全沒有概念。如果你和以前的我一樣是料理新手，那一定要學會食材管理，只要會開火，把喜歡的食材放進鍋裡，加點鹽（或我的萬用醬做法，加一點就好吃），每個新手都能為自己煮一頓健康餐。

那要從哪裡開始呢？當然是最簡單的料理啦，我常說：「不要逼自己當大廚，只要讓自己健康就可以」，像是乾麵＋蛋花湯＋燙青菜，或是蛋炒飯＋青菜豆腐湯…等。切記，千萬不要太複雜，才不會產生挫折感而難以繼續下去。簡單料理只需要買一包米、一包乾麵、一把蔥、一盒雞蛋，再加上一份青菜，從一週兩天自己煮開始，試著把金額記下來，你會發現這兩天所花的食材費也許跟外食兩餐的價錢差不多，但是多出了剩餘的米、乾麵、雞蛋…等食材，**剩餘食材就是省錢的證明，也是下一回省錢的本錢，這樣的相乘結果能讓冰箱慢慢變成小財庫。**

外食和自煮比一比，可以差多少？

青菜

傳統市場均價一斤 20 元的青菜

VS

麵店燙青菜 30 元 x5 盤

———————若你願意自己煮，現省 130 元！

麵食

自己做的韭菜盒子，一個大約 6 元

VS

麵館的韭菜盒子 40 元

———————若你願意自己煮，現省 34 元！

排骨便當

自己做的排骨便當 52 元 *

VS

外賣的排骨便當 100 元（有的可能不只）

———————若你願意自己煮，現省 48 元！

> 註：白飯約 5 元、青菜 2 元、配菜 10 元、排骨 35 元 =52 元（所有食材都是自己挑過、洗過的，乾淨又安心，而且少油）

如何規劃我的冰箱小財庫

我把自家冰箱當成生財聚財的寶庫，那麼冰箱收納當然就很重要，不管是冷藏或冷凍都要規劃好，讓你的「材富」一目了然，冰箱收納有三個基本原則：

原則 1 **要非常容易被看到**

如果冰在冰箱裡的東西不容易被看到，就很容易被遺忘，導致食物腐壞或變質，增加被丟棄的機率，變成浪費。

原則 2 **要非常容易拿出來**

若不容易被拿出來，會讓人有不想烹煮的意願，也容易被遺忘，而變成冰箱裡的木乃伊食材，最後也只好丟掉、變成浪費（有的人還會連丟都忘了丟）。

原則 3 **冷藏庫不要放太滿**

我家冰箱的冷藏庫只放大約七成滿，因為食物放太滿，會影響視線，也使得冷藏空間的冷空氣循環不良，加速食物腐壞速度。

通常，冷藏庫溫度大約是 0 ～ 10℃ 左右，根據多年主婦經驗，食物放冷藏庫只要超過一週就很容易腐壞，所以我把「一週」設定為

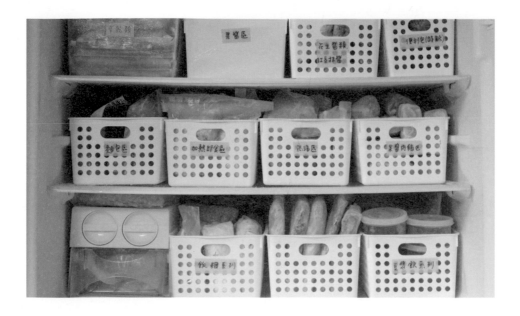

冷藏食物的保存期限同時也是採買日，一週只買一次，而且回家後就把食材處理好再放冷藏。

冷藏庫的規劃方式

01. 分成「視線範圍」與「非視線範圍」

所謂的「視線範圍」是需要掂腳或彎腰才能拿到的區塊，但要因應冰箱設計而調整。舉例來說，有些冰箱設計是冷藏庫在上，需要掂腳的上層就是非視線範圍；有些冰箱的設計是冷藏庫在下，需要彎腰才能拿，就屬於這類型冰箱的非視線範圍。

放視線範圍的食物就是採買後當週必須吃完、不能剩下的，到下一

次採買日的期間都不用費心一一檢查。同時，因為食物擺放位置顯而易見，家人一開冰箱就能找到食材，有時要幫忙下廚很方便，不用東翻西找，確實縮短開冰箱時間、省下電費。

02. 免冷凍且保存期比較長的食物怎麼收

像是釀造漬品、乾貨之類的食材，即使沒冷凍也能放一陣子，但因為短期內不易腐壞，反而變成最容易被忘記的食材，我會使用盒子將食材分類擺放，要用時整盒取出很方便，還能趁機看一下存貨，直接達到盤點的功效。

03. 蔬果室怎麼收

蔬果室是我非常重視的區塊，除了擺放蔬菜、水果之外，通常還會擺放起司、堅果之類的食材，把蔬果室分區的好處是能掌握食材的庫存狀況，避免每次去大賣場時重複購買相同食材。

蔬菜、水果放冷藏庫前得先處理好，包裝用的塑膠袋也請盡量選擇透明的，以利辨視內容物和拿取。而堅果、起司類包裝上雖然註明要放冷藏，但是賣場的大份量包裝往往一次用不完而可能導致起司發霉，建議使用真空袋保存，每次吃完就用真空機把袋子完全真空，以保持起司鮮度。堅果類也一樣，我會將大包裝的堅果分裝好幾個小袋（也是可真空的袋子），然後再冷藏保存。

冷凍庫的規劃方式

冷凍庫是 -12 ～ -18℃ 的低溫，能讓食材保存更久，但並不意味著可以擺放到天長地久，如果冷凍庫沒有好好收納，就會像海底撈針那樣難拿，到時食物就真的石沉大海而深埋在冰箱裡了。有兩個小技巧能夠幫忙：

小技巧 1　尺寸統一好拿好找

冷凍庫是我家最多生鮮食材存貨的地方，我把它當成小財庫好好規劃和呵護，只要加上適當的食材處理法就能隨時取用烹調，像迷你超市一樣非常方便。我習慣將食材或熟食分包成一餐吃得完的份量，若含湯汁的食物，先用盒子定型，等凍好以後移出盒子，一份一份獨立包好；若是含水量不高的食材，也盡量整理成差不多的尺寸分包，如此統一的方式會讓冰箱收納比較不凌亂。

小技巧 2　貼標籤幫助辨視

冷凍後的結晶狀會讓人看不出食物的原貌，不清楚的食物會降低食用機率，即使是一個飯糰或包子，我也會在分包時順便貼上標籤，讓每位家人都能清楚找到他們要吃的食物，這個方式也常常讓孟爺在我睡覺以後還能輕鬆吃宵夜。

層板式和抽屜式冷凍庫擺放技巧不同

　　若是層板式冷凍庫，建議利用有深度的長方形盒子分類，在盒子外貼上類別標籤，例如：麵食類、甜湯類、五穀雜糧類，只要循著盒子標籤就能輕易地拿出食物。**如果是抽屜式冷凍庫，就要依類別規劃專屬擺放區**，像是肉類區，海鮮區、辛香料區、熟食類區⋯等。小份量食材集中放在直立式的筒狀盒子裡，較大塊的食材則直接以站立方式擺放，每次拉開抽屜，食材就像站衛兵般清清楚楚，容易被看到也容易拿取。

　　想要把冰箱變成小財庫，除了聰明採買和保存前處理之外，珍惜每一項食物也很重要，好的冰箱收納能幫助你好好地把每一份食物完美地吃完，無論買進或使用都讓它們達到最大效益，不僅獲得健康，也不會在無形中浪費金錢。

01	02

01　如果是層板式冷凍庫，建議利用有深度的長方形盒子分類，在盒子外貼上類別標籤，以利辨別。

02　如果是抽屜式冷凍庫，就要依類別規劃專屬擺放區。小份量食材集中放在直立式的筒狀盒子裡，較大塊的食材以站立方式擺放。

專欄

超市及大賣場的潛力股食材

　　我最喜歡上傳統市場買菜，因為傳統市場常常有很多驚喜出現！但每個人習慣的買菜場域不同，我覺得為了某些目標或目的勉強改變採買習慣的話，不僅省不了錢，也容易有排斥感。只要把持「不浪費」原則，無論到傳統市場、超市或大賣場都好，從自己習慣的地方開始就可以，重點是把買回家的食材全部好好善用。以下介紹我在全聯、好市多…等不同場域的採買方法：

身為專業菜籃族，超市也是我視察的場所，但我女兒偏愛全聯，是忙碌上班族的她說全聯賣的蔬菜是小包裝，對於不擅下廚的她來說，無論份量或包裝都很貼心，因為不需要花太多腦筋挑選，也不需要特別處理保存。雖然價錢比傳統市場貴，但是相較於外食還是便宜一倍（全聯的蔬菜幾乎都是 250 公克的包裝，總價和總量與小吃店、餐館的一盤燙青菜相比的話），超級適合偶爾下廚的人。

超市的建議採買方式：

01 一次買齊一週主菜（我個人習慣買能當便當菜的雞胸肉跟甜不辣），因為一週的量較好調配，而且讓主菜有變化。通常我家一餐的肉會用到 120 公克，甜不辣可以跟便宜蔬菜搭配烹調，變成一道主菜。

03 買蔥、蒜辛香料。蔥盡量買根部比較細的，而且蔥綠仍是綠的（不能是黃色或咖啡色）。

04 買包胡蘿蔔，增添顏色讓料理更加分，而且營養素又保護眼睛。

05 買瓶讓你變大廚的調味料（我女兒超級愛用）。

06 再帶一包吐司當早餐，然後加買一盒雞蛋、一瓶美乃滋。

註：買回來的生鮮食材一定要立即處理分包，才能進冰箱保存。

大賣場的建議採買方式：

像大潤發、家樂福這類大賣場少了會費的門檻，讓人感覺親切，除了有符合我們國人飲食習慣的調味料、油品、餅乾糖果之外，蔬果價格也相當親民；還有冷凍食品、台味熟食，走一趟就可以買足一家人一週所需食材。另外，不時推出的加價購優惠方案更是吸引我的重點，我會把所有需要採購的物資集中在優惠方案期間購買，以換得更多福利，優惠方案就好像股東會贈品，讓我有被回饋到的感覺。

01 買些可以久放的結球類蔬菜，以及裸裝的蔬菜。

02 買些洋蔥、胡蘿蔔，是適合很多料理搭配的食材。

03 買兩種份量較多的肉類，因為相同品質的肉份量越多越便宜，一斤價差至少 30 元以上，買大量可以省很多。

04 挑選台灣盛產的水果，便宜又好吃。

註：買回來的所有肉類一定要立即處理分包，才能進冰箱保存。

美式賣場的建議採買方式：

好市多有完善的冷藏設施，生鮮品質也有一定的保障，而且他們有許多自家商品，價格便宜，若遇到優惠活動時更是讓人失心瘋，是很多年輕人、有家庭的人必去的採買場域，而且有各式各樣的新品實在很誘惑人，很容易一不小心就什麼都想買來吃吃看、用用看。如果

問我如何形容好市多，我會說好市多是磨練消費行為的場所，什麼該買？又該如何消化完畢都需要智慧。

好市多的生鮮商品嚴格說起來並不貴，讓人猶豫的是份量，大份量的包裝有時讓冰箱不夠大的家庭買不下手。雖然我家冰箱已經夠大，但是每次買肉類或海鮮時，我還是有吃不完的擔慮，所以每次都只敢買一項生鮮食材，等到消耗到只剩一點點才敢再買。我覺得到美式賣場採買前一定要先確認兩件事：

01 冰箱容量是否有足夠空間可儲放？
02 是否有足夠的時間處理食材？

因為美式賣場販賣的份量都超級大，買回來以後的分包工作一定要做好，這樣後續烹調時就能很順利。另外，好市多的某些特色品項，我覺得 C/P 值很高，以下分享個人的必買清單：

推薦 1　**熟食類**

烤雞腿、鹹豬肉或蜜汁肋排之類的肉品很方便！買回來後除了現吃，沒吃完的話，隔餐加點蔬菜或湯品就能立即開飯，對不常料理或下班已經很累的上班族來說，是最佳選擇。

推薦 2 **海鮮類**

只要用最簡單方式就能料理好的種類都是很棒的選擇，例如：放入烤箱或平底鍋乾煎的淺漬鯖魚、鮭魚片、鯛魚片（或其他白肉魚），不愛魚類的人，也可以買冷凍海鮮類，像是蝦子。

推薦 3 **蔬菜水果類**

好市多的彩椒類、鮮菇類、奇異果、酪梨的品質都很好，很值得買。買回來後放冰箱，冷藏約一週左右沒問題，但如果判斷吃不完，就要轉放冷凍庫保存（處理法請詳見 Chapter2 的彩椒、菇類處理）。

推薦 4 **麵包類**

建議買吃法多變化的單純主食，例如：貝果或吐司，可甜可鹹，當成早餐或小孩的課後點心。

推薦 5 **其他類**

麵粉、麵條、茶包、原豆咖啡、豆漿、牛奶都大推，因為價格比一般超市便宜許多，非常適合每天都會吃這些食材的家庭。

Chapter

2

打理冰箱
讓我省時下廚又變瘦

把冰箱管理好，不僅下廚更加省時有效率，也等於直接管理了家人們和你自己的健康。本章將分享簡單好做的蔬菜保存法和銅板料理，非常適合家事新手，而且省錢又美味！

零廚藝是我的堅持

孟爺有一位很要好的同學常跟所有人誇說他的妻子燒得一手好菜，他最喜歡說：「哪天來我家，讓我老婆燒菜請你們吃」。朋友們也因此常被邀請品嚐他夫人的廚藝。說實在的，他太太的廚藝真的好得沒話說，而且都會花一週準備，不但每道菜都好吃，連裝盤及碗筷也都是星級般的講究，下一道若是清爽的料理，一定會把前面有醬色的碗盤換掉，一頓飯下來，就換了好幾副碗盤。酒足飯飽後的例行公事就是男士們繼續在餐廳高談闊論，我們做太太的幫忙收拾殘局，就像工廠的 SOP 那樣，洗碗、沖水、第一次擦乾、第二次擦乾…等，大家分工做這些工作，而主廚太太就會把洗好擦乾的餐具一一放回倉庫，這樣的收拾工程往往要兩個小時，每次從廚房出來的時候，我的腰幾乎要斷掉了。

幾次下來，只要聽到孟爺同學說：「哪天我讓我老婆燒…的時候」，我都好害怕，我害怕孟爺的同學會要我跟他老婆比，我不想為了被比較而要花上一週時間做準備，也不想費工烹煮，也不想要飯後花兩小時整理，更不想添加過多的餐具。所以我跟孟爺說：「以後在任何場合，請務必跟你所有朋友說，你太太只會把菜直接丟進鍋裡煮熟，有時還會糊塗到忘了加油加鹽，為了他們的福利，來我們家聚餐的話，就是叫外賣」。於是，我得到了「不會料理」的認證，從此，每個朋友看孟爺都帶著同情的眼光，但從此我的日子既輕鬆又沒壓力。

如果你以為「只把菜丟鍋裡煮就是難吃的」，那就是刻板印象了，我的日本老師曾經跟我說，日本人覺得高級食材是可以生吃的，所以他們會用最新鮮的食材加上最講求原味的烹煮法來宴請賓客。老師的話讓我有一個概念，只要食物新鮮、簡單煮，即使不加鹽，應該都好吃。

食材管理讓你更有私人時間

我常說：「女人不要學做大廚，只要學會把菜丟鍋裡煮熟就行了」。但別以為「直接放鍋裡煮」是隨便亂來、敷衍了事，我之所以可以做到這點，全是拜母親傳授的食材處理與保存概念，我再把母親教我的概念發揚光大，讓下廚更快速輕省，而且沒有壓力。結婚之後，我更是打算朝著不專業主婦之路邁進，因為我的廚房是開放式設計，最討厭油煙殘留而讓廚房油膩膩的，也不喜歡花很多時間在廚房裡只為了煮一餐飯。只要有了我的「食材管理法」，備料時間就能大幅縮減，每天省下將近兩小時，當料理三餐變得悠閒優雅，多出來的時間就能把屋子打理得整潔明亮，我會做做手作布置家裡、養養貓和植物…等，讓生活變得更多采多姿。**每週只要固定買菜一次，每次花 2 ～ 3 個小時整理食材，就能換得未來至少一週都能快速上菜，確實省下時間和金錢，這才是我想要的生活模式。**

每週花半天備料，讓你每次優雅下廚

　　我的食材管理法很符合現代的職業婦女或忙碌上班族，很多人說他們下班後都已經累得半死，根本沒力氣煮，回到家光是處理食材就耗掉很多時間，餐後還要洗碗、清理廚房，往往到 10 點甚至更晚都還沒辦法休息；也有人說覺得自己煮沒有比較便宜，因為每次都會吃不完而放到壞掉，丟掉的比吃掉的多而覺得划不來，就問我難道沒有這些問題嗎？其實還真的沒有，因為我習慣利用週末買菜回來的空檔把食材處理好，平日回到家後只要取用當餐份量，快速上菜絕對不是難事，而且是滿足全家人吃的量。

　　「切好、調味、分包」除了讓我充分感受到下廚的便利性，而且完全不用煩惱要做什麼料理，每餐也不會慌張備料及烹煮，真的像母親教我的那樣，聽到孟爺下班開門的聲音，再進廚房把雞肉放進鍋裡烹煮，用另一個爐子炒青菜，15 ～ 20 分鐘內讓熱騰騰飯菜上桌，所以孟爺跟朋友說我都把食物直接放下鍋煮而已，是事實，但還好他沒說，其實滿好吃的。

　　很多人對於買回家的食材沒有做規劃，大多隨便分包就放冰箱了。但我在買食材前就已經規劃好菜單或烹煮方向，例如：這週打算要帶便當，也想煮火鍋，就會選擇肉片，回家後精準分包成每餐可以吃得完的份量。就算臨時想改菜單也沒問題，因為肉片薄入味快、容易熟，萬一比較晚回到家，仍能直接下鍋燙熟肉片沾個醬吃、快

炒或煮成湯麵享用。若家人有特別點菜,例如:想吃紅燒肉,我會買梅花肉或五花肉,回到家後洗淨、汆燙、切塊、紅燒,一個多小時後就有一大鍋的成品,放涼分包後放冷凍保存,這樣就是「加熱即食包」了,無論配飯、拌麵或帶便當都好用。

食材管理還能讓家人輕鬆煮、另一半變大廚

做好食材管理,還能讓你的家人也學會輕鬆煮!孟爺快退休的時候,我驚覺到我們漸漸變老,未來一定會面臨有一方變成照顧者,或變成一個人生活的時候,我擔心長期當慣大爺的他,萬一只剩他自己過日子的話會很凄慘,也擔心他退休後變成像日本太太說的「大

型垃圾」或「下流老人」。所以，為了我也為了他，我覺得有必要訓練他變成全能主夫，除了一般環境的維持打理外，會煮三餐更重要！我本來企圖讓他變成大廚，結果，他完全沒有未來會被嫌棄的危機感（難道老男人都沒有想要改變的危機意識嗎？）起初他完全排斥我的買菜訓練，一進超市，就像癡呆老人般眼光呆滯，甚至連廚房都不肯進。沒辦法，我只好放棄訓練他當大廚的念頭，讓他在旁邊陪著我就好，我把菜洗好切好，放入鍋中，讓他幫忙翻炒及加鹽調味的工作，結果他非常稱職地把青菜炒好，雖然盛盤時差點燙到手，但我心裡默默覺得不錯，他跨出了第一步。

後來有一次，我在炸雞塊的時候臨時要接電話，請他接手幫我留意翻面，結果沒想到炸雞成品非常漂亮，顏色均勻且外皮酥脆、裡頭多汁，我就抓緊機會，從此把所有的翻炒工作全交給孟爺。因為我發現，與其要勉強一個當了幾十年大爺的人成為大廚，還不如讓他當個非常有成就感的翻炒大師，就這樣，食材備料我來做，烹煮和調味工作交給他。日後，他只需要聽指令，把食材一一放入鍋再煮到完美狀態，我就可以準備擺盤上桌等吃，甚至我在外面工作時，也能遠端遙控他幫我煮。回到家後，就有熱騰騰的佳餚等著我，有時我生病了，他還會煮稀飯、煎荷包蛋、炒個青菜，甚至會切芭樂（會去籽的那種）、削蘋果（不像以前傻傻地把蘋果削得超大塊），原來食材管理有激發另一半的功能啊，必須多加善用！當他能幫忙煮的菜式越來越多，我就知道他漸漸具備了照顧自己和我的能力，這全都是因為食材管理的影響！

從早午餐開始，瘦了 10 幾公斤

　　我調查過了，全世界有 20％的女人不覺得自己胖，但是不想減肥的女人只有 2％，我不是那 20％，所以減重永遠是我這輩子的志業，我會「圓圓的」全是因為孟爺害的，從認識他開始，就不斷地塞食物給我，永遠都說：「先吃，待會兒再減」，他永遠都不了解「圓圓的」女人的心情，因為他是瘦瘦高高的體質，就算拼命吃也不會胖；我拼命不吃，卻越來越圓⋯。明明我需要的是可以「消腫脹」的高纖食物，他愛的卻是會讓我「繼續腫脹」的點心零食，我發現到，跟他生活將近 50 年，我們好像生活在兩個世界。

　　以前我從來不覺得孟爺挑嘴，但自從他生病後我才注意到，一直以來每次吃飯他都會把大部分蔬菜夾給我，然後都會說：「這個很好吃，妳多吃一點」。我才終於知道原來他是不愛吃蔬菜的人，於是我決定試著把他的健康跟我的減重結合在一起，期望他能更健康，而我可以成功減重，我把二十五年來塞不下卻一直捨不得丟掉的漂亮裙子當成減重目標。

　　我不太懂醫學常識，但是知道各種蔬菜對身體有益，所以每次去市場都會買最新鮮的蔬菜，早中晚餐都加了滿多的蔬菜，但孟爺始終只夾一口，就不再碰青菜了，我盯著餐桌綠綠的菜色，也感覺不出美味，頓時覺得，想健康吃又要兼具美味好難喔！當我在猶豫是

否該拜阿基師學藝的時候，有一次去自助餐，我留意到孟爺超愛夾番茄炒蛋、胡蘿蔔炒蛋，漂亮的紫茄子他也會夾，甚至是菠菜、莧菜也會放在盤子裡，於是我試著做番茄炒蛋加點燙過的菠菜，結果他全部吃完了，於是，混搭色彩料理就這樣產生了。

懂得食材處理與保存，下廚簡單、健康不難

由於顏色漂亮和口感軟嫩的蔬菜可以誘拐孟爺，我就把所有顏色的蔬菜當成顏料，通通納入我的日常料理，發揮畢卡索大師的印象派手法，炒菜時先訂個主題（例如～花椰菜的饗宴）把花椰菜放盤子裡，再放點紅色黃色蔬菜妝點，以黑木耳做結尾，然後全部丟入鍋中汆燙，盛盤時淋上橄欖油，把最重要的撒鹽工作交給孟爺。孟爺大廚會很認真地試味道直到他滿意為止，我則像二廚那樣，把孟爺的傑作分一半在他的盤子裡。從此，我們的每一餐就沒有「妳多吃點」這句話出現，從此，家庭版的畢卡索大師及調味大師正式誕生，每天我都依心情用各色蔬菜來彩繪我的餐盤。

一兩年下來，孟爺越來越健康、願意吃的蔬菜也越來越多樣化，而我二十五年前買的漂亮裙子又能穿了，因為我改成多吃高纖蔬菜及各種蛋白質，取代過多碳水化合物的攝取，就類似低醣飲食，並實際執行一天只吃兩餐，終於把身上過多的十幾公斤肉肉給甩掉了。以下介紹幾道我常做，同時也是上課時學生們都很有興趣的料理，特別適合想減重以及想嘗試「食材管理法」的新手唷！

【從採買到餐桌，食材處理法的流程概念】

一週
採買一次 → 利用週末半天
將食材處理分包

做成食材便利包
或是生鮮快煮包，
短期標的放冷藏、長期標的放冷凍

使用法

從冰箱取出後不用退冰，
直接下鍋煮

每天都要開伙的家庭，則可將生鮮食
材做成料理即食包，冷凍保存

使用法

需要時，只要加熱就能吃

　　我的食材處理法以冷凍居多，主要為了大幅縮減下廚時間，只要先把食材處理成一份一份放冷凍庫保存，料理時直接放鍋子煮就可以，你只要試過一次就能體驗有多麼方便！

01 能炒能煮的彩虹蔬菜

　　我的日本老師說，做菜必須掌握色彩，只要色彩美就能讓料理視覺有食慾，像是加入紅黃椒、胡蘿蔔、番茄、菇類、玉米、茄子之類的鮮艷蔬菜在料理中，但偏偏紅黃椒、胡蘿蔔在我家都是不受歡迎的蔬菜呀！不想花腦筋精進廚藝的我，決定用混搭色彩學，強迫孟爺跟孩子接受我拙劣的料理，沒想到孟爺跟孩子們居然沒有挑掉，都吃下肚了，於是彩虹蔬菜就常駐我的冰箱了。

　　但是，每次炒菜時要洗、要切的重複動作，仍讓一向懶散的我感到厭煩，而且常會剩下一點煮不完。因此我試著研究保存法，把沒用完的彩色蔬菜放冷凍庫，下一餐又能拿出來煮。沒想到家人很接受，更重要的是——顏色和味道一點也沒變，於是紅黃椒、胡蘿蔔終於名正言順、趾高氣昂的佔據我家冷凍庫了。

　　後來每次去菜市場，我都留意彩色蔬菜的動向，尤其是彩椒。無論品質、數量、價格都受到季節影響。我曾為了買黃椒逛遍兩個市場，一問之下，一個黃椒居然要 50 元！為了我的「偽大廚料理」，以後只要看到盛產的便宜彩椒一定買，我曾買到一顆 10 元的紅椒，立馬搜括 10 個回家，隔一週再經過那個市場，發現彩椒竟悄悄變成 3 個 50 元。想到先前只花 100 元買的 10 個彩椒，頓時有賺到一倍的感覺～讓食材不變味的冷凍法讓我敢大膽買較多的便宜蔬菜，讓餐盤永遠多彩又美味。

冷凍彩椒 （冷凍2個月內；冷藏1週內）

處理法

01 把彩椒蒂頭及籽去掉，切掉頭和尾，變成頭、尾、中間共三個部分。

02 將頭、尾的部分切小丁，中間的部分切成條狀或塊狀，主要取決於自己平時的料理習慣，常炒菜的話就建議條狀多一些，搭配紅燒或糖醋料理就多切塊狀。

03 將切好的彩椒放入密封袋裡，以平鋪平放的方式冷凍保存。

Tip 如果你剛好買到數量多的便宜彩椒，建議用另一種冷凍法：取一個薄砧板先鋪一層保鮮膜，以不重疊方式放上彩椒條／塊，放進冰箱冷凍後取出，再放入密封袋保存，這樣就不會全部凍在一起。

冷凍細長菇類 （冷凍2個月內；冷藏1週內）

處理法

01 切掉菇類的底部，掰開成小朵，以不重疊方式鋪在有保鮮膜的砧板上。

02 結凍後放入保鮮盒，冷凍保存。

03 如果想要冷藏，一樣先切掉菇類的底部，用廚房紙巾包裹菇體，

04 放入保鮮盒或密封袋，冷藏保存。

Tip

像好菇道那種包裝的菇都不用清洗，唯有細細的金針菇有時容易有髒汙屑屑，這時我會將金針菇頭部朝上，放在水龍頭下沖水，沖乾淨後再切掉底部，濾掉水分後才冷凍。

冷凍鮮香菇 （冷凍 2 個月內；冷藏 1 週內）

處理法

01 廚房紙巾沾濕，用沾濕的紙巾輕輕擦拭掉香菇上的髒汙。

02 把乾淨的鮮香菇切大片或切塊（依料理習慣，也可切兩種），放入密封袋或大保鮮盒裡，冷凍保存。放進冷凍庫 1 小時後取出盒子搖一搖，切好的菇才不會黏在一起。

 Tip 如果冷凍庫空間較大的話，建議以不重疊方式放在鋪有保鮮膜的砧板上，結凍後再集中放入保鮮盒，冷凍保存。

冷凍番茄 （冷凍 2 個月內；冷藏 1 週內）

處理法

01 洗淨番茄,用刀子在番茄底部輕輕劃十字。將番茄放入滾水鍋中裡燜 1〜2 分鐘,撈起後放涼,再剝掉外皮。

02 去皮番茄切小塊,放入小盒子(我是用方形的優格盒),先冷凍定型。

03 結凍後取出,分別用保鮮膜包好,再放入密封袋,冷凍保存。

Tip 番茄的酸有提味效果,是變大廚的重要食材,像我的女兒超喜歡用番茄做料理,因為很開胃、顏色又好看,為了讓女兒也愛上做菜,冷凍庫一定不能少了番茄。

冷凍胡蘿蔔 （冷凍 2 個月內； 冷藏 1 週內）

處理法

01 削掉胡蘿蔔的皮，分別切成丁狀、
細條狀、片狀。

02 分別裝進密封袋或保鮮盒，以平鋪
方式擺好，再放冷凍保存。

03 如果想要冷藏，可放入大保鮮盒中，
於一週內用完。

01

02

03

Tip　每次買胡蘿蔔總是當餐用不完，買一根總是用了好久，有時都變乾了，
先把它處理成各種形狀，每次下廚加一點，色彩立即漂亮起來！

冷凍玉米 （ 冷凍 2 個月內；
冷藏 1 週內 ）

處理法

01 去除玉米外皮及鬚鬚，切成一段一段
的，放入密封袋，冷凍保存。

02 除了切段，也可以切成玉米粒保存，
先清洗乾淨，濾掉水分。將乾淨的玉
米粒放入密封袋平鋪成扁平狀，冷凍
保存；若用罐頭玉米粒也能如此保
存。

Tip　冷凍切塊玉米除了煮熟直接吃之外，還可煮湯、和其他時蔬一起炒或
烤，跟時蔬一起烤的玉米塊有股香味，特別好吃喔。玉米粒是很好的配
色食材而且超多用途，拿來炒蛋、炒飯、做濃湯，或當成可樂餅或鹹派
食材也很適合。

冷凍蔬菜的延伸料理！

menu1 **春回大地**

將花椰菜、玉米粒、胡蘿蔔絲、雪白菇放鍋裡，加入大約 1/4 杯水及 1 匙油，加蓋，以中火燜煮約 4～5 分鐘，起鍋後撒點鹽調味即完成。

menu2 **什錦玉子燒**

玉米粒、胡蘿蔔、雪白菇、蔥花放入碗中，打入雞蛋拌勻，加點鹽調味後倒入小方鍋中煎成玉子燒即完成。

menu3 **隨興溫沙拉**

準備上述的彩虹蔬菜，可以再配點四季豆或其他蔬菜（前一天先洗好放保鮮盒，冷藏保存），和油豆腐一同放入滾水鍋中燙熟後取出，配上水煮蛋一同擺盤，最後淋上喜愛的醬汁即完成。

menu4 **蛋包蔬菜湯**

將上述的彩虹蔬菜放入湯鍋，加適量水淹過食材，以小火煮滾。準備另一個滾水鍋，打入雞蛋後加一大匙白醋，以小火煮到蛋包定型後關火，略燜一下再取出，放入煮好的蔬菜湯即完成。

02 做玉子燒、煮湯的鹽漬蔬菜

　　有個朋友說我前輩子一定是餓死的猴子或羊，因為每次出遊的候，大家看到花都好興奮，我是看到水果或蔬菜時，眼睛都亮了。前一陣子，朋友知道我種菜失敗後，邀我去她的菜園散心順便拔菜。開了好幾個小時的車程，終於到了菜園，看到一大片長得壯碩的蔬菜，本來很疲累的我立刻精神抖擻，耳朵聽到的都是：「帶我回家吧」的聲音～我完全沒感覺頭頂上炙熱的陽光，興致勃勃地左邊摘一些右邊拔一點，直到孟爺拖著我離開菜園，耳邊都還響著「帶我回家吧」的聲音。

　　回到家才發現自己居然拔了一整車的青菜，孟爺指著成堆青菜問我：「怎麼辦？吃得完嗎？」我一邊懊惱著，看到桌上也在調皮瞄著我的小芥菜，靈光一現想到可以使用「鹽漬」。我將小芥菜、青江菜清洗乾淨，甩掉水分，切細後放塑膠袋裡、加鹽，稍稍搓揉使其釋出澀水後擠掉，再分包保存。還擺在桌上的小白菜、高麗菜說：「該我了！該我了！」，我如法炮製，也處理成一包包，終於全部進了我的冰箱。做好的鹽漬蔬菜可拿來煮湯或做煎蛋，使用時不用退冰，直接下鍋烹調，非常方便。

　　我最喜歡把鹽漬蔬菜做成早餐的蔬菜玉子燒，不但顏色美，滋味也好。每次上菜市場採買時，只要遇到呼喚「帶我回家吧」的便宜蔬菜，我一定買回家，鹽漬法讓你不用擔心蔬菜會壞掉，而且超級好吃。

冷凍鹽漬蔬菜

處理法

01 將高麗菜（青江菜、小白菜、小芥菜都適用）一葉葉取下，清洗乾淨。瀝乾水分後掰成大片放入碗中，加入 2% 的鹽，稍稍搓揉蔬菜，使其釋出澀水。

02 擠掉澀水後，分成每餐吃得完的量，用密封袋包起來。

03 分好的小包鹽漬蔬菜用密封袋裝起來，擠掉空氣，冷凍保存。

 Tip　葉菜類在鹽漬前先切小一點或切細，烹煮後的口感才會比較軟。

冷凍鹽漬蔬菜的延伸料理:

menu1 翠綠玉子燒

讓冷凍蔬菜稍稍退冰後放入碗中,加入少許胡蘿蔔絲、打入雞蛋一同拌勻,倒入小方鍋中煎成玉子燒(因為冷凍蔬菜鹽漬過,故不用加鹽,若覺得鹹度不夠,煎好後再撒少許鹽或淋點醬油)即完成。

menu2 番茄蔬菜蛋花湯／湯麵

把冷凍蔬菜、冷凍番茄一起放入湯鍋中,加入適量水煮滾後,打入雞蛋拌成蛋花,起鍋前放入蔥花,淋點麻油,再以適量鹽調味即完成,亦可做成湯麵吃。

03 多口味的活力早餐飲

逛生活雜貨賣場的時候，突然又出現「來買我吧～」的聲音，我瞄著聲音來源跟孟爺，發現他也聽到了，就這樣，全自動清洗豆漿機跟著我們回家了。

有了豆漿機以後，喝豆漿不再只是豆類打成漿那麼單調，我把色彩料理的原理延伸到豆漿機上，從此，早餐飲料就變得多采多姿。剛開始，我都耐著性子把所有顏色的乾貨一一拿出來，每一種都洗乾淨再放入豆漿機，經過幾次從冰箱拿進拿出多種食材的動作後，我又感到非常厭煩了…。有一次乾脆把所有小盒子和材料拿出來，把該清洗、該泡水的一次做好，然後像畢卡索畫畫那樣，這個加一點、那個放一點的在小盒子裡，分成一份一份（不同口味），結果居然變成可以聲控孟爺的飲料盒子。

現在每天早上做早餐時，我只需要跟孟爺說：「老闆！1號飲500ml！」，沒多久，黑豆綜合漿就出現在餐桌上了，喝著濃醇香的綜合飲時，我都慶幸那天有聽到「來買我吧」的聲音。人客我最常點的是1號飲，朋友們最愛點的是4號飲。我想。孟爺如果開一家熱飲店的話，生意應該很好。

黑豆綜合漿

01 把常用的豆類洗淨並且泡水，例如黑豆、黃豆或鷹嘴豆；常用的堅果、枸杞、紅棗也洗淨，但枸杞、紅棗要過一下熱水。

02 將做法 *01* 的所有食材瀝乾或擦乾，放入小保鮮盒裡，外盒上貼標籤標註，冷凍保存。

Tip
我家的 1 號飲裡有：黑豆、南瓜子、核桃、腰果、枸杞、紅棗、蔓越莓…等，放豆漿機時再加點芝麻更香。

瓜瓜豆豆飲

01 把黑豆或黃豆洗淨泡水一晚。

02 刷洗地瓜或南瓜外皮，切成 1 公分的小丁。

03 把泡發的豆子、地瓜丁或南瓜丁放入小保鮮盒裡，外盒上貼標籤標註，冷凍保存。

Tip
我家的 2 號飲裡有：黑豆、黃豆、地瓜或南瓜、鷹嘴豆…等，放豆漿機時再加點熟芝麻更香。

花生糙米漿

做法

01 把帶皮的花生炒到外表呈現焦黃色；
洗淨糙米後瀝乾水分。

02 把炒香的花生、糙米放入小保鮮盒
裡，外盒上貼標籤標註，冷凍保存。

糙米杏仁露

做法

01 把南杏、糙米稍微洗一下，瀝乾
水分。

02 把南杏、糙米放入小保鮮盒裡，
外盒上貼標籤標註，冷凍保存。

Tip

我用的是有加熱功能的豆漿機，很方便，建議先泡發黃豆或黑豆，打出
來的飲品口感就會綿細，完全吃不出豆渣，而且減少攪拌刀的磨損機
率，以延長攪拌刀的使用壽命。

04 高纖時蔬藜麥早餐

多吃蔬菜有益健康，而且種類越多元越好，為了健康呷百二（台語），我每天認真實踐高纖蔬菜的飲食，也常用滿滿蔬食的早餐照片跟朋友問安，結果意外得到「超人」封號！不是因為我的料理厲害，而是朋友們覺得每天做不同的早餐很花時間，他們想到要處理那麼多食材就覺得累，更何況還有保存的問題…。其實不花時間呀，各種蔬菜便利包是我每天輕鬆上菜的秘密武器。

時蔬藜麥包

做法

01 把多種顏色的時蔬洗淨，全部處理成小丁，藜麥泡水備用。

02 在保鮮盒中鋪一層保鮮膜，放入時蔬和藜麥，然後包起來。

03 放冷凍庫定型，最後在保鮮膜上貼標籤，以利辨視。時蔬藜麥包可以做成溫沙拉或煮成湯品享用。

04 希望鎖鮮效果更佳的話，建議再包一層錫箔紙，冷凍保存。

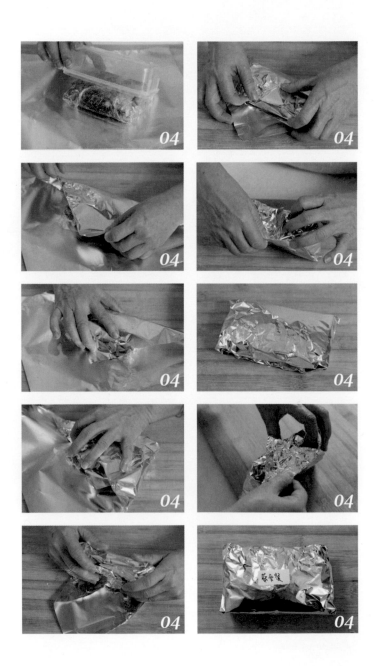

專欄

用食材管理為特殊飲食需求的
家人備餐很方便

　　我有好幾個朋友都說，再老一點就想去住養老院，原因是住養老院不用煩惱吃跟住的問題，但真的這樣嗎？我個人滿質疑的，因為我是憑感覺吃東西的人，夏天時想吃生菜或涼拌菜、冬天寒流時就想吃火鍋或羊肉爐，當身體有缺乏的時候，「想吃」的慾望自然會出現，那時我會煮

「想吃」的料理來滿足自己。可是，一旦住進養老院，就只能吃別人認為你能吃（不一定是想吃）的食物，也許一開始有新鮮感而覺得好吃，但是過陣子可能就不一定這麼想了，我認為只要吃不到想吃的食物，無論心情、身體都會生病，反而煩惱更多。我不會想急著住養老院，因為我的食材管理法讓我常常為自己下廚，吃飽了再好好工作，不僅不是困擾，反而是樂趣！趁早運用食材管理，就算老了，還是能愉快地享受吃的樂趣，我確信活用食材管理法是可以延續健康的。

前一陣子，我的閨蜜生病了，她告訴我每天都重複吃一小鍋老公做的蒸蔬菜和絞肉拌蛋，她看了完全沒胃口，是為了身體好才勉強吃。閨蜜生病前，平時都是她掌廚，家人從不過問廚房大小事，當她生病了，家人一下子慌了，不知如何照顧她。家人只知道蔬菜、肉、蛋有營養，於是把食材全放電鍋蒸熟，就認為攝取到全部營養了。其實我的閨蜜知道要攝取多元食物，但是礙於家人完全不懂怎麼處理食材，所以只能將就著每天吃相同餐食。

去探望她的時候，我決定讓她和她的家人體驗什麼是輕鬆快速、好吃又兼顧營養的食材便利包，我帶著含有十二種食材的時蔬藜麥包到她家廚房，把便利包食材放入小鍋，加一大匙水，加蓋，用小火燜煮約三分鐘後攪拌，加點鹽和油，就出鍋了。我各舀了一湯匙給閨蜜跟她先生試吃，他們睜大了眼說：「好好吃喔！」。這時我知道，他們接受便利包了。其實她的先生在我煮的過程中就一直叨唸說：「沒爆香怎會好吃？

這麼多種食物混在一起會好吃？沒加油可能好吃嗎？」，直到親自吃過後，才顛覆他的想法。

每個人都會老，食材管理讓你延續健康

看到他們接受我的食材管理法，於是我教閨蜜跟她先生處理平時不會攝取到的多色時蔬，像是彩椒、番茄、菇類、木耳…等，再配合閨蜜飲食份量做好分包，再教她的家人多種只要會洗會切就能做的營養美味便利包。然後又根據他家冰箱的食材，幫閨蜜設計第二天的三餐，我的閨蜜這次非常聽話地依我的方法聲控他先生完成每一餐，一週後她已經可以自己搭配各種食材，吩咐先生幫忙做餐了。當她傳 LINE 說，她現在每天都吃得好開心，我聽了比任何人都更開心，因為證實食材管理法不但簡單，能為生病的人做出多元營養素的料理，還可以讓零廚藝的人由享受者變成照顧者。

很多主婦全心全意照顧家人、總是奉獻犧牲，但往往遇到自己生病時卻乏人照顧，如果有食材管理法，就能讓家人們用輕鬆的方式營造雙方互利的飲食生活，從現在開始嘗試食材管理，是刻不容緩的。

不專業主婦的銅板料理

　　我常受邀到不同單位、社大上課或演講，發現許多學生都面臨家用緊縮的問題，她們常問我該怎麼節省開支？因為家裡的孩子個個都在成長期，薪水有限但又要想菜色變化。我沒辦法教她們理財投資賺錢，但能教她們如何把伙食費善加利用，用銅板價讓全家人都吃飽飽，而且不浪費掉任何食材。

　　我的銅板料理不僅成本低，而且製作難度不高，不用花太多時間下廚（貫徹不專業主婦的料理原則！），許多學生們學了之後回家實踐，後來都給我非常好的反饋，更表示有改善他們的伙食費和節省了下廚時間，以下分享幾道學生們愛的前五名銅板料理：

驚喜剩菜燒

我調查過，沒有出現過剩菜的家庭是 0%，也就是說，每天有剩菜是很平常的事，也是煮婦們的煩惱，但要做到零剩菜真的很難！剩菜加熱後就不討喜，最後倒掉或進了媽媽的肚子裡，所以才會有像我這樣「圓圓」的媽媽身材。為了徹底解決這個麻煩，我讓剩菜華麗轉身變成新菜色，所以我家沒有剩菜問題。

這是一餐不到 50 元的一家四口早餐，也可當成小孩點心。後來我的學生研發出升級版，她把家裡的剩飯也放入剩菜燒，變得很有飽足感，她說，每次做這道菜時，孩子們都超級興奮，因為每回都是不同食材，有時吃到肉絲、有時吃到雞肉，讓他們感覺好驚喜，所以我稱之為「驚喜剩菜燒」。

做法

把前一天的剩菜全部切成小小丁（不要太碎），放入保鮮盒，冷藏保存。隔天取出，打入一個雞蛋、撒點蔥花，倒入麵粉慢慢邊攪拌，記得一點一點放入，攪拌成稍稍可以流動的麵糊就行了。在平底鍋裡倒點油，倒入剩菜麵糊，煎成一片一片的薄餅就完成了。

成本

前一天的剩菜 0 元＋雞蛋 8 元＋蔥花 1 元＋麵粉 6 元＋油 2 元＝總價 17 元

　　這是我在課堂上遇到的超誇張真實小故事，有個學員說她家的男生們超級愛吃超商飯糰，每天下課後都去超商買飯糰配豆漿。但因為都是發育中的男生，所以每個人都會吃2～3個（平均一天消費 200～300 元），覺得很傷荷包。

　　自從我教她做這個飯糰便利包以後，她每天就煮多一點飯，做成各式口味的大飯糰，孩子們每天回到家不但馬上能吃到飯糰，而且因為不知是什麼餡料，每次像是猜謎一樣開心！後來她寫那個月的家計簿時，發現居然省下將近 10000 元伙食費，而我開心的是，從此她把我當偶像一般崇拜著。

做法

01 把半碗左右的米飯鋪在烘焙紙上後攤平。

02 把你喜歡的任何餡料（需要是乾的）放在米飯上，用筷子輔助，把餡料和米飯收攏、包緊。

03 在烘焙紙上貼標籤註明口味。

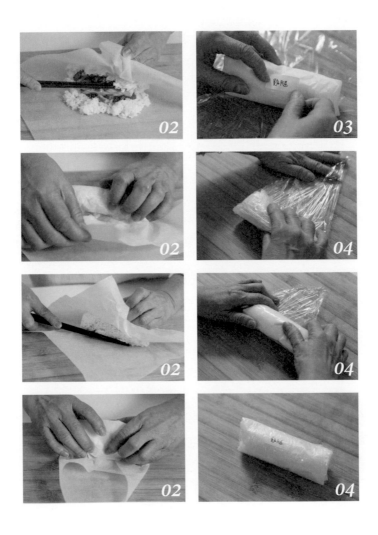

04 再覆上一層保鮮膜包好，若是做多個的話，全部放入密封袋，冷凍保存。隔天要吃之前，先拿掉外層保鮮膜和標籤，連同烘焙紙放微波爐或用電鍋加熱。

成本

米飯 4 元＋餡料 10 元（餡料價格依不同家庭調整），總價 14 元

茄子起司燒

　　小時候的我不敢吃茄子，我不敢吃的原因是茄子烹煮後，竟然會變成褐色，我無法理解茄子的紫色跑去哪兒了。在日本吃到裹著麵衣的炸茄子，不但是好看的紫色而且好吃，鮮豔的紫色被金黃麵衣包裹著真是美，我才發現紫與黃是絕配！但我不愛油炸料理，所以想到使用起司的黃色，沒想到茄子跟起司更是好朋友，是連不愛茄子的小孩也會想吃的焗烤料理。

做法

01 洗淨茄子後剖半，切成約 7 ～ 8 公分的長條。

02 在平底鍋中倒入 1 匙油，讓鍋面均勻沾到油，再把茄子的紫色面朝上，平均鋪在鍋底。

03 倒入大約半杯滾水，加蓋，轉中火煮 3 ～ 4 分鐘。

04 將起司絲平均撒在茄子上，加蓋，燜煮到起司融化為止。

Q 如何保存茄子不變黑？

01 洗淨茄子後剖半，切成約 7 ～ 8 公分的長條，均勻淋上薄薄一層橄欖油。

02 蓋上蓋子或盤子，強火微波 3 分鐘後取出，待完全冷卻後，放入密封袋，冷凍保存（請於 1 個月內食用完畢）。

成本

茄子 2 條＋起司絲 50g（依個人喜好可增減）＝總價 45 元

Tip 如果沒有起司絲，也可以用起司片，手撕之後鋪在茄子上焗烤，嚐起來和起司絲的風味不同喔～

　　無論是學生送的或旅遊時拿到的麵線，每位給我的朋友都說吃法很簡單，和苦茶油拌一拌就可以。問題是，苦茶油不是所有人都愛（尤其是孟爺），眼看著冰箱幾乎被麵線佔據，有陣子成為我的大困擾。孟爺看到後就說：「妳不是家事達人嗎？」。是的，家事達人不是做假的，我決定假掰也要掰出來，只要擺脫苦茶油的魔咒，其實麵線就是麵食呀，麵線煎就這樣產生了，現在我再也沒有麵線恐懼症了。

做法

01 麵線泡水約10分鐘，瀝乾水分，切成4～5段。

02 在平底鍋中倒入1大匙油，放入麵線，記得把麵線平均攤開，煎到底部金黃色後翻面。

03 撒上起司絲、高麗菜絲、胡蘿蔔絲，上層再撒上滿滿起司絲，加蓋，燜煮到上層起司絲融化即可。

成本

朋友送的麵線0元＋胡蘿蔔5元＋半盒豆腐7元＋蔥花2元＋油5元＝總價19元

我曾經有一個很大的攪拌機,做麵包的時候就用它攪打麵團。有一次,孟爺的同學要開麵店,他常看我用攪拌機很方便,於是跟孟爺借去,想要做麵條時攪打麵團用。麵店開張半個月後,我們想去捧場,發現店面是關著的,門口放著招租的牌子…。我們打電話都連絡不上孟爺同學,經過熟識的同學轉述,原來是生意不好做不下去了。

那攪拌機呢?熟識的同學說:「連同所有裝備都賣給收舊貨的」。為了這事,我幾乎不跟孟爺說話。但麵包,我還是想吃,於是研發這款大餅,目的是懲罰孟爺,所以故意用較多的水,讓他一直攪拌一直攪拌,因為水分太多,沒辦法成型變成麵包,所以只好直接放入平底鍋煎,沒想到味道超級好,又沒用到電,從此這款大餅變成我隨時懲罰孟爺的省電麵食。有次上課時把這道大餅拿出來教學生,結果他們也超喜歡!

做法

01 將 100g 大燕麥片倒入大碗中,加入500ml 滾水使燕麥片泡軟。

02 在做法 *01* 中倒入中筋麵粉 500g、酵母粉 1 匙、砂糖 2 大匙、鹽 1 匙攪拌均勻，至少攪拌 3 分鐘。加入果乾 1 杯，繼續拌勻成麵團。

03 倒入加了油的平底鍋中，另外可撒上芝麻、葵瓜子，蓋上蓋子使其發酵。

04 發酵後，開小火煎 23 分鐘至金黃後翻面，再煎 7 分鐘（翻面烤時不需加蓋）。

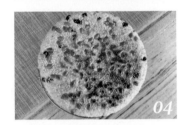

成本

大燕麥片 8 元＋麵粉 20 元＋果乾 25 元＋酵母粉 1 元 = 總價 54 元

Tip 依據鍋子大小不同，食材份量需隨之調整。若用 26 公分的鍋子：大燕麥片 80g ＋中筋麵粉 350g ＋水 430g ＋酵母粉 4g ＋鹽 8g ＋葡萄乾 50g ＋蔓越莓 50g。若用 20 公分的鍋子：大燕麥片 55g ＋中筋麵粉 270g ＋水 350g ＋酵母粉 4g ＋鹽 6g ＋葡萄乾 40g ＋蔓越莓 40g。

Chapter

3

鎖鮮不變味的
食材便利包

食材便利包是我冰箱必備的法寶！買回食材後，清洗、前處理後切成習慣使用的形狀，將食材冷凍成型再分包保存，無論鮮度、顏色都能維持住；烹調時，免洗免切就下鍋，非常方便。

讓下廚省時的三個生財法寶

看到我幾乎每天下廚，有些人會對我說：「那是因為妳比較有空閒，所以才有辦法這麼勤快地自己煮」。的確，對於時常沉浸在追劇及滑手機的人來說，當然是困難的，並不是我不需要娛樂休閒時間，但仔細想想，如果把時間精力花在經營健康上，長期下來絕對不會後悔的，有兩個小孩的職業婦女的我能做得到，任何人只要有心也都能做得到。

我會願意自己煮，是因為有三項法寶幫了大忙：「食材便利包」、「生鮮快煮包」、「加熱即食包」，大大縮短待在廚房裡的時間。

我完全理解煮飯是辛苦的，也清楚大部分人下廚時會遇到的各種狀況，所以設計這三項法寶幫我做菜更省時，每餐只花不到 15 分鐘就能輕鬆上菜（我不追求煮美美的大菜，我在意的是家人吃的都是新鮮原食，完全沒有添加物、沒有劣質油的食安風險），而且讓買回來的食材更好用、賺得自己與家人的健康。這三項法寶也很適合想偶爾下廚的族群、不得已得常常煮飯或做家人便當的媽媽們、進行飲食控制的健身族。我自己長年使用這些方法之後，在以下幾方面感到有確實的改變：

01 讓你在廚房裡煮飯的時間變少

02 減少上市場補貨或採買的次數

03 不用常常苦惱菜色變化

04 吃到的食材永遠是新鮮原食

05 隨心混搭食材，讓營養更豐富多元

06 是投資菜市場獲利的加分工具

07 每個月至少省下 60% 的食材費

懂得食材管理，為食材鎖鮮且隨時有得吃

下廚最麻煩的就是備料（因為洗碗收拾還可請家人或洗碗機代勞），所以我針對備料來著手，只要先做好這一步，做飯會省時省力很多。我習慣在買菜前先規劃菜單，這能讓我判斷要把食材做成「食材便利包」、「生鮮快煮包」、「加熱即食包」其中哪一種，再進

行處理，這就是「食材管理」。讓冰箱（財庫）裡的東西一目了然，你才知道有多少財、又要怎麼妥善使用。就像成功的投資客一樣，既然「食材」是我的投資標的，好好管理就是基本態度，將買進的食材做最完善的處理保存，避免腐壞而浪費了所花的每一塊錢。

為了讓家人隨時能吃到最新美味的食材，我長期研究處理食材的過程中，最在意「鮮度」，因為這會影響到料理品質和美味與否。愛美的人都知道，年輕時就要保養，到了像我這樣滿臉皺紋的年紀再保養絕對無效，愛健康的人應該也能理解吧，食材趁新鮮的時候處理是最棒的，而不是放進冰箱一陣子或幾天，等要烹煮的時候才整理食材，那就太晚了。

我的食材管理是根據平常會吃完的量確實分包，或根據想做的料理先做好調味動作再放冰箱冷藏或冷凍保存，在想煮、想吃的時候直接下鍋，不必又從備料重頭開始（包括洗、切…等），所以特別適合忙碌沒時間的現代人。此外，也適合買菜時總容易不小心失手買太多的人，許多人會憑感覺或一時的需求買菜，比方今天想吃小火鍋，就買了一大

盒肉片，然後把剩下的肉片隨意分成幾包放入冰箱，往往剩到最後吃膩了又不知如何處理，食材就這樣被深藏在冰箱很久很久；或是另一種狀況，每次想下廚時因為缺少某些食材而懶得去買，只好作罷自己煮的念頭。

把冰箱變財庫，同時也是你「專屬的小型超市」

「食材便利包」、「生鮮快煮包」、「加熱即食包」可以對應不同的烹調需求，難度和花費的時間也略有不同。但不管是哪一種，都建議採買前先想好菜單，避免一不小心又買多了。這三個法寶可依你的需求挑著做，也可以同時做，我個人習慣同時做，這樣冰箱就是我個人專屬的小型超市，依每天心情輕鬆下廚！

法寶 1　食材便利包——
適合料理新手、每餐習慣吃蔬菜的人、健身自炊族
買回食材後，清洗、前處理再切成習慣使用的形狀（片狀、塊狀、條狀…等，看個人）將食材冷凍成型，接著分包保存。葉菜類不適合冷凍，但可以用我的冷藏法，讓鮮度、顏色維持住。

好處
要炒菜、炒飯、煮湯麵時，免解凍，隨時取用混搭！

法寶 2　生鮮快煮包——

每週煮菜頻率較高的主婦、要幫孩子帶便當的職業婦女

用「食材便利包」的方法，把食材處理好之後，再加上「調味」動作，把食材處理到可以直接下鍋的程度，就是生鮮快煮包了。它的原理有點像市售的冷凍食品，但我們是自己在家做，所以沒有看不懂的添加物，吃起來更加放心。

好處

對於懶得天天想菜單的人來說很好用，要蒸要炸要烤要炒都可以，隨時上菜、加菜！

法寶 3　加熱即食包——

想要一週只炒／燉一大鍋就好，接受一鍋吃多餐的人

如果你常用鑄鐵鍋、燉鍋，或習慣煮一鍋吃多餐的話，很適合這個方法，因為加熱就能吃，超級方便！同時也適合那些要買很多食材才能做一鍋的麻煩料理（我個人覺得麻煩），像是客家小炒、滷味、滷肉…等，而且做一次就省下每次煮的瓦斯費。

好處

除了加熱就能直接吃，也能配飯、麵、饅頭、麵包…等主食一起吃。

冷藏或冷凍都不變味
的食材便利包

　　在這三個法寶中，我最喜歡「食材便利包」，這和我現在的飲食需求有關，因為我希望每餐都吃到新鮮蔬菜，以攝取多元營養素。用各色時蔬做成的食材便利包，不僅光看顏色就引起食慾，而且能一次吃到多種食材。如果你是租屋自炊族、兒女離巢的夫婦，或是要為生病家人下廚的人，便利包其實就是解決這些料理困擾的理想方式，不用擔心買一項食材當餐煮不完、吃不完。

　　可別小看這樣的擔心，這對於不少人來說是一種壓力！以致於長期下來，他們沒辦法好好從「吃」管理自己的健康。我不喜歡有壓力的生活，尤其是為了吃而有壓力，那麼烹煮出來的料理一定不美味，如果不知道該從何處開始，那就從自己最喜歡的，或是最需要的食材開始練習「食材管理」吧！

　　前面章節提過，我習慣把食材分為「只能放冷藏」以及「可以放冷凍」這兩類。只能放冷藏的通常是嬌嫩的葉菜類，其他舉凡冷凍後其口感、味道幾乎沒變的，就通通歸為可以放冷凍的類型。

冷凍食材的好處

適合冷凍的食材包含葉菜類以外的蔬菜（瓜類、椒類、根莖類、辛香料…等）、肉類、海鮮…等，涵蓋類別很廣。清洗食材並完成前處理之後，我會依照每餐會吃得完的份量，放入密封袋中，以平鋪方式擺放，冷凍成一袋袋扁平的形狀，以節省冰箱空間。有時間的話，我會改成平鋪在砧板上放冷凍定型，取下來後放入密封袋或保鮮盒，再繼續冷凍保存，像這樣把食材處理到可直接下鍋烹煮的程度很方便，故稱為「食材便利包」。

先處理好再放冷凍是很好的鎖鮮方式，我個人比較不喜歡退冰再回凍。因為一旦食材放入冷凍庫後，份量、形狀都被固定住了，想要改變就必須退冰（有時還很難切成想要的份量！）但退冰後再放回冷凍庫的話，會影響到食材品質，甚至可能有細菌附著感染的機率。

辛香類
便利包!

肉類
便利包!

食材便利包還能解決臨時少了某些食材的突發狀況，例如：要炒菜的時候才發現少了辛香料、每樣都只需要一點點但要很多樣的配料的困擾…等。有了便利包，幫我解決了至少95％以上的烹飪問題（剩下的5％，我覺得是家人味蕾的問題，哈哈），每餐只花短短十五分鐘就做好所有餐點，自己煮變得不難，更讓我省下不少錢，更吃得健康。

曾經有學員來上我的課時抱怨說，她以前都提早兩小時進廚房準備晚餐，每到傍晚她就覺得緊張。她聽完我的課，回家照著做便利包之後，竟然只要半小時就煮好一桌菜。沒想到竟然激起班上同學也跟著做的念頭，後來她們回到課堂上分享，還說多出來的時間可以多多追劇了（怎麼不是我期待的答案—拿來進修、學點新東西呢！？），但這就是便利包的優點，讓她們輕鬆下廚、少了時間壓力。

蔬菜類
便利包！

五穀雜糧類
便利包！

製作食材便利包的好用工具

製作這三項法寶之前，需要準備幾種包材，以及包法也很重要，因為關係到保鮮效果。如果包材用的不對，有可能會發生食材變乾燥或附著其他食材的味道，也容易孳生細菌。以下是工具介紹：

01 保鮮膜

保鮮膜隔絕空氣的功能很好，通常我會來保存容易吸味道的食物、味道較重的食物、想要放比較久的便利包、收納份量較小或散裝的食材⋯等，包好後集中放入密封袋中，用這樣的兩層包法能幫助鎖住鮮度、不變味，保存效果會更好。但特別提醒，若擔心保鮮膜有塑化劑的話，可以選用 PE 材質的保鮮膜。此外，不建議將保鮮膜拿來加熱喔，除非有明確標示是可加熱用的特殊材質。

02 密封袋

密封袋可以將食材擺放得更整齊，我會挑選適合冰箱深度或高度的密封袋。因為無論太大或太小都會造成冰箱冷凍庫變凌亂，所以我只挑選兩三種尺寸的密封袋。使用的時候，我會把裡面的空氣盡量擠出來，這樣保鮮效果更好。

03 烘焙紙

烘焙紙適合「加熱即食包」，用烘焙紙把要直接加熱的料理包緊

後，貼上標籤，再用保鮮膜包緊或放入密封袋裡，冷凍保存。加熱時，移除保鮮膜或密封袋，就能把烘焙紙包的食材直接加熱了。

04 錫箔紙

錫箔紙適用於容易出霜的食材，或是容易吸味的食物上，先用保鮮膜包緊一層後再用錫箔紙包好（請用霧面的那面接觸食物），可以維持食材新鮮度，像是拿來保存魚類、蔬菜、辛香料皆可。

05 保鮮盒

保鮮盒有很棒的密封效果，盛裝料理或食材非常好用，也適合同類型食材的集中擺放，像是早餐常用到的五穀類或麵食類。由於保鮮盒可以疊放，也會讓冰箱的冷藏空間看起來非常整齊。

如果保鮮盒的蓋子壞了，別急著連盒子都丟掉，盒子還可以拿來當成輔助食材整型及固定形狀的容器。補充一點，若要把保鮮盒放冷凍庫的話，請挑選矽膠材質，就不會有龜裂現象，而且也比較好脫模。

06 砧板

砧板是幫助軟濕食材或切成小條小丁的食材定型的好用工具。利用薄砧板（舊的就可以，我個人是使用本來要丟棄的薄砧板），將軟濕食材凍成扁平、不佔空間的形狀，然後取下食材放密封袋中，冷凍保存。

07 優格盒或果凍盒

方型或長方形的優格盒、果凍盒可以當作小份食材定型用的容器，收納細小或散狀食材很好用，將小份食材完美地保存起來。

08 製冰盒

適合極小份量食材的分裝，凍起來像冰磚一樣，每次要下廚時取用一點點，料理更輕鬆。

09 標籤

標籤很重要，因為食材一旦放進冷凍庫結凍後，幾乎很難辨識是什麼食材，必須仰賴貼標籤。一般標籤紙進冷凍庫冰久了之後會掉落，建議選用特殊黏膠材質的標籤膠帶比較好。

10 油性的細字奇異筆

用一般的原子筆或水性筆寫在袋子盒子上，再放入冰箱冷凍的話，容易模糊掉或消失掉；若筆尖太粗的話，字跡不好辨識，必須選擇不怕油且是細字的奇異筆。

11 真空包裝機

做了多年的食材保存研究，我後來發現，有預算的人可考慮真空機，它是食材的好閨密，可以縮小包裝體積，又可保留食物原味。我喜歡用真空方式保存食材，因為不但可延長食材保存期限，食材口感、香味、鮮度都不會變，真空後的食材吃起來跟新鮮的一模一樣。

像在美式賣場買的超大量披薩用起司絲，一旦開封後再放冷藏庫就易發霉，但用真空機真空以後，直到用完都是新鮮美味的。我會挑選不挑袋的真空包裝機，這樣裝食品的外袋就能重複再利用，省錢又環保。再以山藥為例，以前放冷藏庫保存時，切面易褐變氧化，為此我曾做成真空包放冷藏，待兩個月再打開（因為想實驗，故意不立刻吃完），不僅還很新鮮，連切面都是潔白的，完全沒有任何褐變現象。如果家裡冰箱的冷凍空間不大，或是不想把蔬食放冷凍庫的人，又或者每次買根莖類都會剩下的話，真空機會是很好的選擇。

12 食物乾燥機

自從我有「佃農」朋友（喜歡自己種菜種水果的老友們）之後，就買了果乾機，這樣即使收到大量蔬果都不擔心會放到壞，而且吃過自己乾燥的果乾後，才了解什麼是低溫烘乾的天然味道。台灣有很多盛產的便宜水果都適合做成果乾，而且果乾機不只用來乾燥水果，也可以乾燥蔬菜或做肉乾，對於手頭有預算又愛玩手作的朋友們來說，是可以考慮買的生財幫手。

接下來介紹不同類別的食材如何保存，以及做成「食材便利包」的方法！

首先介紹蔬菜類的保存法，通常嬌嫩的葉菜類適合放在冷藏區的蔬果室，如果買回來就整袋直接放入冰箱的話，會縮短蔬菜的保存期限，這就是為什麼有人說買回來的菜壞掉比吃得多的原因。以下分享我的處理法：

Step 1　鬆綁

在傳統市場的蔬菜大多都用橡皮筋或膠帶綁成一束一束的販賣，被緊束的蔬菜不夠透氣，因此容易腐壞，所以買回蔬菜後，一定要鬆開攤開。

Step 2　去腐

買回來的蔬菜難免有些許損傷或黃葉，甚至是菜蟲、腐壞的根部，都必須先去除掉，因為損壞的地方容易使得其他完好的部分加速腐壞。像是地瓜葉、茼蒿之類的蔬菜裡層最容易變黑腐壞，要將裡層較嫩的部分先剪掉，保存時間會比較長。

如果是高麗菜、大白菜這類大型蔬菜，則先切除掉腐壞的根部，然後檢查葉片上是否有蟲咬痕跡（小洞），若有的話，必須將葉片一片片剝下，剝到把藏在裡層的蟲蟲移掉為止（因為蟲蟲會一直深入繼續吃菜），放冰箱前一定要清除乾淨，若沒處理就直接放冰箱裡的話，等於在冰箱裡養蟲。外表沒有蟲咬痕跡的話，就直接放塑膠袋裡，冷藏保存即可，等下廚前再一葉葉剝開烹煮，據我的經驗，

冷藏三週都沒問題呢。

Step 3 保濕

經驗告訴我，有些蔬菜像女生一樣需要保濕，例如莧菜、空心菜之類的夏季蔬菜。建議先用紗布包好這類蔬菜，然後稍微噴水保濕，再放入塑膠袋。但是很容易變黃臉婆的花椰菜，就覺得光噴水還不夠，我會用紗布包起花椰菜，放在水龍頭下，讓花椰菜快樂淋浴，保持青春（下圖是簡單的沾水法，但建議用水龍頭淋浴法比較方便），再放入大型密封袋中。

【簡易版沾水法】

為什麼要用紗布？用廚房紙巾不行嗎？可以的。只是因為廚房紙巾的尺寸有限定規格，有時又容易破，而紗布可以裁很大片、不會破，又能重複使用較環保，效果也比廚房紙巾好，小氣的我當然會選擇花同樣價錢、效果好又能重複使用無限次的紗布啦！大家可依自己的需求選擇。

至於地瓜葉的處理有些不同，它更需要水分，但總是散亂成一葉一葉讓我心煩，我會用特殊方法對待它。先去除黃葉或腐壞葉之後，放進乾淨塑膠袋裡，上面蓋濕毛巾，再讓袋中保留一點空氣後綁好塑膠袋，冷藏保存，這方法讓我一整週都有鮮嫩的地瓜葉可以吃。

【 面膜法 】

Step. 4 分包

依照每餐吃得完的量，用紗布一份份分別包好蔬菜，集中放入塑膠袋，切記將空氣盡量排出，再綁緊塑膠袋，放入蔬果室冷藏保存，你一樣可以使用廚房紙巾。

按照以上步驟，就能把蔬菜類做成食材便利包，讓包好的蔬菜都住進有空調的冷藏蔬菜房裡了。這樣的前置處理有以下好處：

01 有了事先去腐、分包的動作，可以延長將近一倍的保存期限。

02 分包後拿取容易，每次取用需要的量，降低剩菜的機率。

03 碰到某些蔬菜盛產時，就能低價買進並製作成儲備蔬菜。

【長型葉菜保存法】

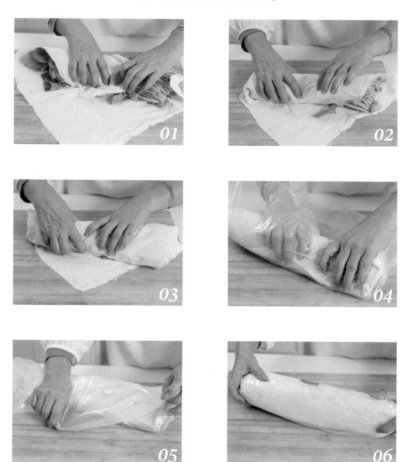

　　把長型葉菜類的黃葉、枯黃葉、根部去除，用大張的紗布或廚房紙巾包裹好，放入塑膠袋，確實擠出袋內的空氣，再綁緊塑膠袋，放入冰箱的蔬果區冷藏保存。

註：用紙巾或紗布包裹，不僅可保留水分，也是讓長型葉菜不易折斷的小技巧。

01 蔬菜類‧食材便利包

可保存 3 天的蔬菜便利包

　　如果你每週只想下廚幾天，而且只是簡單的燙青菜、炒青菜的話，特別適合這個懶人版蔬菜便利包，把蔬菜洗好後放入大保鮮盒，這樣即使是簡單煮個泡麵，也因為有新鮮蔬菜而多了點健康的感覺。

做法

01 準備 2 ～ 3 天的蔬菜量，不用切除根部，直接放入清水裡浸泡，約 15 分鐘後再清洗乾淨並瀝掉水分。

02 放入大保鮮盒，冷藏保存；若是放入大密封袋，記得確實擠掉空氣再封口。

03 隔天要吃的時候，再切段或掰成段使用。

Tip 唯有地瓜葉比較特別，必須在葉子表面覆蓋一層濕的廚房紙巾，再蓋上蓋子放冷藏。

02 辛香料類・食材便利包

辛香料看似是配角，但下廚時每次都不能沒有它們，特別是蔥，每次有風災雨災的時候，蔥價立即成為新聞頭條，可以從一大把（約一公斤）50元，一下子飆漲到一斤250元！對於把菜市場當作是投資市場的我來說，只要在產季買入大量、便宜的蔥做處理，就不用擔心蔥價上漲囉！

蔥便利包 01 （冷藏5天內；冷凍3個月內）

處理法

01 把蔥洗淨，用廚房紙巾擦乾，把蔥切成蔥末、蔥段。

02 蔥末、蔥段分別放入保鮮盒，冷藏保存；也可用平鋪方式放入密封袋，冷凍保存。

使用法

不用退冰，直接放鍋裡烹煮，若是炒蛋，就放入蛋液裡拌勻；蔥段可用在蒸魚或其他需要蔥段的料理上。

蔥綠便利包 02 （冷凍 3 個月內）

處理法

01 把蔥洗淨，用廚房紙巾擦乾，從蔥白上方約 4～5 公分處把蔥綠切掉。

02 我習慣用棉繩把蔥綠綁緊，變成一束一束的，之後做料理較方便使用。

03 放入密封袋，放冷凍保存。希望保鮮效果再升級的話，可用錫箔紙再包住密封袋。

使用法

不用退冰，直接放鍋裡烹煮，燉滷料理皆宜。

大蒜便利包 （冷凍6個月內）

處理法

01 洗淨大蒜後剝掉外皮。

02 以不重疊方式將大蒜一粒粒放入密封袋，冷凍保存。也可分成更小包，放進多個迷你夾鏈袋，再集中放進保鮮盒，一樣冷凍保存，這樣每次用多少就拿多少。

03 冷凍的大蒜會變成深黃色，但風味一樣好。

使用法

炒菜時，拿出來稍稍退冰就好，再切成料理時需要的形狀。因為大蒜個頭小，退冰速度快，切片、切末都很容易，所以冷凍時保留原粒是比較容易的方法。

註：如果想要常溫保存大蒜的話，建議1個半月內用完。

薑便利包 （冷凍6個月內）

處理法

01 把薑洗淨，去除外皮，切成約2公分寬的長塊狀。

02 放入密封袋，冷凍保存。

03 若是較小的薑，放入果汁機裡攪碎成泥狀，舀入製冰盒，放冷凍庫結凍。

04 結凍後從製冰盒中取出，把薑泥冰塊放入密封袋，冷凍保存。

使用法

01 烹煮前拿出薑塊，稍稍退冰再切成料理需要的形狀，切絲或切片都很方便。

02 使用薑泥冰塊時，也是稍稍退冰就可入鍋烹煮，適用於絞肉料理，例如蒸肉餅，或拿來做水餃餡。

註：如果想要常溫保存薑的話，建議2個月內用完。

香菜便利包 （冷藏 5〜7 天內；
冷凍 3 個月內）

01 輕柔清洗香菜後瀝乾或擦乾，分成一
把一把的量，另外再分出一部分葉子
先切好。

02 依每次用得完的量，分別一份一份，放
在保鮮膜上。

03 將每一份香菜包覆起來，冷藏保存。

04 一把一把的香菜也用保鮮膜包好，冷藏
保存。

05 希望保存更久的話，可再包一層錫箔紙，
冷凍保存。

使用法

不用退冰，直接放鍋裡烹煮。此方法也適用
於韭菜。

芹菜便利包 （冷藏 5～7 天內；冷凍 3 個月內）

處理法

01 洗淨芹菜後用廚房紙巾擦乾，切成兩部分。芹菜葉不要丟掉，可當成蔬菜湯的食材，提香增味，或做成芹菜盒子。

02 芹菜莖切成細末，以平舖方式放入密封袋，冷凍保存。

03 或依一餐吃得完的量分成小份小份，一樣冷凍保存。

04 我習慣將小份芹菜集中放入密封袋中，更加鎖鮮。

使用法

不用退冰，直接放入湯品或料理烹煮。

辣椒便利包（冷凍 6 個月內）

處理法

洗淨辣椒後晾乾，或擦乾辣椒表面水分，放入小保鮮盒，冷凍保存。

使用法

要料理時再取出，切成需要的形狀即可。

九層塔便利包（冷凍 3 個月內）

處理法

01 洗淨九層塔後瀝乾水分，摘下所有葉子，不要葉梗。

02 用紙巾擦乾葉面的所有水分，夾在對折的廚房紙巾裡，連同紙巾一同放入密封袋，冷藏或冷凍保存。

03 根莖類・食材便利包

　芋頭、地瓜、馬鈴薯、山藥…等根莖類可以用在很多料理上,但是不耐久放,因為台灣潮濕高溫的環境很容易使它們發芽,而這類高澱粉類食物吃不完再復熱的話,又容易糊化。只要做成便利包,不但不必擔心會發芽,還可以掌控食用份量。

地瓜便利包（冷凍6個月內）

處理法

01 洗淨地瓜,放入電鍋蒸熟後放涼。

02 用保鮮膜將 1 ～ 2 個地瓜包好,放入密封袋,冷凍保存。

使用法

可直接微波或用電鍋覆熱,當成早餐主食,很方便;或是稍稍退冰,切成厚片再放平底鍋加熱。

芋頭便利包 （冷凍6個月內）

01 將芋頭晾到完全乾爽的程度，在不碰到水的情況下削去外皮，再將芋頭放水裡清洗，就不會出現皮膚發癢的狀況。切大塊後放電鍋蒸熟（能維持鬆鬆粉粉的口感）。

02 放涼後，依每餐食用份量分成數個小袋，以不重疊方式放入袋中。

03 集中放入密封袋，冷凍保存。

使用法

01 不用退冰，直接放鍋裡烹煮。

02 可將冷凍芋頭加入熱水裡再煮到化成泥，就變成芋泥料理。

03 如果你和我家人一樣都是小鳥胃，可把芋頭先排在舖有保鮮膜的砧板上，先放冰箱冷凍，凍好後以不重疊方式放入密封袋，一樣冷凍保存。

山藥便利包 （冷凍6個月內）

處理法

01 將去皮山藥切成粗條狀或塊狀，放入鹽水中浸泡，洗去外表黏液後取出，擦乾水分。

02 擺在鋪有保鮮膜的薄砧板上，放冷凍庫定型。

03 結凍後取出，放入密封袋，冷凍保存。

使用法

不用退冰，直接放入湯品裡煮滾。

Tip　我喜歡山藥，它是我的食材好朋友，因為口感鬆粉細綿有點像冰淇淋，有時還會加買紫山藥配色。但是買它的時候，我都有點小猶豫，因為烹煮過的山藥不但不會縮水還會稍稍膨脹，只吃1、2塊就覺得很撐，所以每次買一大塊都擔心吃不完。後來我發現它除了煮排骨湯，還能搭配絲瓜煮，或是直接蒸熟，當作早餐的澱粉來源，這樣就可以增加吃完的機率了。

馬鈴薯條便利包 （冷凍6個月內）

處理法

01 將去皮馬鈴薯切成粗條狀或塊狀，放入鹽水中浸泡，撈起瀝乾水分。

02 擺在鋪有保鮮膜的薄砧板上，放冷凍庫定型。

03 結凍後取出，放入密封袋，冷凍保存。

使用法

此種方式適用於炸薯條，不用退冰，直接放油鍋裡炸或煎烤。

Tip 馬鈴薯不是我們家的主食，通常煮咖哩時才會想到它，所以它幾乎是被忽視的，有點像邊緣人。但其實馬鈴薯能做很多料理，我喜歡偶爾備一些馬鈴薯在冰箱裡，除了做成早餐的馬鈴薯沙拉、奶油香煎馬鈴薯塊之外，偶爾可炸些薯條，沾點草莓果醬，搭配伯爵紅茶當成下午茶點心。

馬鈴薯塊便利包 （冷凍6個月內）

處理法

01 洗淨馬鈴薯表皮，放電鍋蒸熟後放涼，切大塊。

02 擺在鋪有保鮮膜的薄砧板上，放冷凍庫定型。

03 結凍後取出，放入密封袋，冷凍保存。

使用法

01 不用退冰，取出後直接放平底鍋，加些奶油或其他油品煎至焦香。先蒸熟的馬鈴薯只使用少少的油就能煎香，當早餐或下午茶點心既好吃又較健康。

02 馬鈴薯容易發芽而產生毒性，若發現發芽就不能食用。

04 瓜類‧食材便利包

一到夏天，菜市場裡瓜類蔬菜的價格一直都很低，所有朋友也都會送我瓜類蔬菜，有收到過長得像冬瓜的大瓠瓜、也收過和冬瓜一樣胖的絲瓜，因為價格便宜、容易到手，所以我都只負責開心吃，從不把瓜類放在心上。直到好久都沒收到朋友送的瓜類時，我才知道瓜類不是到夏天就可以胡亂長出來的，必須要細心授粉，還不能被春雨打掉、更要小心爬上的螞蟻會吃掉剛長出來的瓜類小寶寶，成長過程陽光太強會曬壞、沒曬足陽光又長不大…「瓜生」真難！

記得有一年剛授粉的時候，突然下了好幾天春雨，所以就沒有任何瓜類，市場瓜類價格也開始上揚。在颱風之後，瓜類價錢竟從一個 20 元直接跳到 60 元，我開始覺得瓜類是個寶，當我吃到冷凍胡瓜水餃的時候，才發覺胡瓜是可以冷凍的；看到便利商店關東煮的苦瓜鑲肉，更是讓我嘗試冷凍瓜類的契機，所以，夏天一到，我一定把瓜類迎進冷凍庫，作為我隨時開心吃的食材。

有次我看到孟爺主動想煮絲瓜蛋花麵、蝦皮瓠瓜粥，我就幫他把絲瓜、瓠瓜削皮、切好，處理成可以直接下鍋的狀態，正好彌補他不擅長備料的缺點。削瓜皮只花不到五分鐘的時間，但之後我就可以開心地坐在餐廳等絲瓜蛋花麵和蝦皮瓠瓜粥上桌，不必汗流浹背地在廚房煮飯。我看著在廚房熱得滿身汗的孟爺，我決定繼續尋找只花五分鐘就自動有美食吃的食材處理法。

絲瓜便利包 （冷藏 5 天內；冷凍 6 個月內）

處理法

01 絲瓜通常滿大條的，建議一次做成幾種形式保存。洗淨後削皮，切片、半圓形，放在鋪有保鮮膜的砧板上。

02 或切成扇形，一樣擺在鋪有保鮮膜的砧板上，和做法 *01* 都放冷凍庫定型。結凍後取下，以不重疊方式放入密封袋，冷凍保存。

03 預計比較快吃完的話，可於切好後放入大保鮮盒，冷藏保存，於 5 天內吃完。

使用法

不用退冰，直接放鍋裡烹煮。

Tip 有時買了太多盛產絲瓜，但又想快速消化庫存時，我會做成絲瓜起司燒～只要煮絲瓜時撒滿起司絲就可以了，在沒食慾的夏天裡，是一道可以快速攝取蔬菜和蛋白質的懶人料理。

瓢瓜便利包 （冷藏 5 天內；冷凍 2 個月內）

處理法

01 瓢瓜洗淨後去皮，依料理需求切絲或大片狀。

02 依一餐吃得完的量分包，放入密封袋平舖，冷凍保存；想冷藏的話，可放入保鮮盒，建議 5 天內用完。

使用法

01 不用退冰，直接放鍋裡烹煮。

02 此方法也適用於佛手瓜。

Tip

瓢瓜只有夏天盛產時節最好吃，盛產價格超級便宜，有時兩個才 50 元，買的時候真的會內心交戰，覺得不買好可惜，但買了一定吃不完～根據不專業主婦的習慣，我買瓢瓜的同時會想菜單，兩、三餐用來炒蝦米、煮粥、煎蛋，其他的刨細再加入絞肉、調味料，做成瓢瓜盒子（或做成水餃），這樣 50 元的瓢瓜至少有 5 ～ 6 種吃法，瓢瓜頓時變成更有價的食材了。

苦瓜便利包 （冷藏 5 天內；冷凍 2 個月內）

處理法

01 將苦瓜洗淨後切半，挖掉瓜囊。

02 依料理需求切片或塊狀。

03 依一餐吃得完的量分包，放入密封袋平
鋪，冷凍保存；想冷藏的話，可放入保
鮮盒，建議 5 天內用完。

使用法

不用退冰，直接放鍋裡烹煮。

 Tip

身為螞蟻人的我，跟苦瓜絕對不是好朋友，但是夏天
便宜的苦瓜價格會讓我想和苦瓜假裝是朋友，也會學
著拿它跟排骨一起燉煮成湯品。和這位朋友相處久了，
我發現這位朋友的更美味關鍵是鹹蛋，因為再苦的苦
瓜只要遇到鹹蛋，就能讓苦味消失得幾乎感覺不出來，
後來每次買苦瓜，我一定把鹹蛋一起帶回家。

05 豆類・食材便利包

　　四月以後是四季豆、長豇豆盛產的季節，買回來如果沒有立即處理的話，裡面的嫩豆會繼續生長而造成老化，口感就不好了。但是只要做成便利包，就可以克服這個缺點，又能讓上菜速度加快。

四季豆便利包 （冷藏 5 天內；冷凍 2 個月內）

處理法

01 洗淨四季豆，剝除兩側粗絲，斜切成細薄片，依一餐吃得完的量放入密封袋。

02 封口前，讓密封袋的袋口朝上，放進水裡，讓密封袋呈真空狀態再封住袋口，冷凍保存；想冷藏的話，可放入保鮮盒，建議 5 天內用完。

使用法

不用退冰，直接放鍋裡烹煮，此方法適合快炒料理。

長豇豆便利包 （冷藏 7 天內；冷凍 2 個月內）

處理法

01 洗淨長豇豆,剝除兩側粗絲,用鹽稍稍搓揉後靜置片刻。

02 切成丁或小段,依一餐吃得完的量放入密封袋,冷凍保存。想冷藏的話,可放入保鮮盒,建議 7 天內用完。

使用法

01 不用退冰,直接放鍋裡烹煮。此方法適合煮湯、煮粥。

02 長豇豆有一股特殊豆味,用鹽稍微搓揉即可去除味道,而且保持豆子口感。

Tip　長豇豆常跟我抗議說我偏愛四季豆,這是實話,因為長豇豆有一股特有的豆味和偏粗的口感。為了表現我不偏心,一直想找出長豇豆的優點,除了搭配肉絲煮成粥,也能汆燙後搭配蒜末、麻油、胡椒、香油做成涼拌菜,其實還是滿好吃的。另外切成小丁,跟肉末、蒜末、辣油一起炒,就成了很受歡迎的開胃菜和便當菜,我那麼努力找出它的優點,長豇豆應該不會再抱怨我偏心了吧!?

學會一材多用，讓你敢逢低買進

　　台灣每個季節都會出現便宜盛產的食材，我超級喜歡盛產時間的蔬果，因為它們是讓我省錢更有感的食材，因為通常盛產食材價格都偏低，只要知道怎麼「一材多用」，就能用少少的錢得到好幾倍滿足。

　　比方夏天的絲瓜，除了一般的烹煮法，例如配麵或煮湯，我還會把絲瓜切薄一點，當成披薩上的綠色蔬菜，或把切成較厚片的絲瓜拿來焗烤，因為有變化，家人一點都不會因為常吃而覺得膩，所以我可以大膽在便宜時買進當儲備食材使用。

　　還有每年會買到的便宜高麗菜，除了平時的蔬菜吃法，為了不讓家人吃膩，會做成高麗菜捲或高麗菜盒子（我超懶，覺得包水餃太費工，所以做成好大一顆的盒子，要包的數量變少），通常盛產的高麗菜常讓我賺進至少 3 ～ 4 倍的價差。後來，為了吃素的朋友，還研發出「芹菜盒子」，朋友們嚐了之後覺得味道也很不錯。

　　我常常「逛」菜市場，孟爺都說：「家裡還有菜，為何要去逛？」我跟他說：「不是逛，是視察」，因為我是帶著挖寶的心情去的。而且我每次一定會帶回一點小禮物當作視察成果。我也常將挖到的寶放在臉書上，讓大家試做看看。以下介紹幾個「一材多用法」，也是「把冰箱變財庫」的儲糧小技巧喔！

一蔥兩用的
蔥綠餅皮

買回來的蔥要立即清洗才零浪費

用蔥綠做的餅皮超級營養

春天的菜市場總是讓人有一種「わくわく（興奮不已）」的感覺，頂著暖陽逛菜市場，每樣蔬菜都吸引著我，儘管使出超強意志力，還是忍不住誘惑而買回一大把 50 元的蔥。

回到家立馬把所有的蔥全部清洗乾淨，然後切分成蔥白、蔥綠兩部分。把蔥白切成末，待之後料理時使用；再用手持攪拌棒把蔥綠攪打成泥狀，拌入麵糊裡，用平底鍋煎成蛋餅皮，看著煎好疊高高的蛋餅皮，真有一種豐收的感覺～ 50 元的蔥讓我有 24 片蛋餅皮，以及好幾包足夠兩個月用量的蔥白末，春天的菜市場果真要常常視察。

材料

中筋麵粉 6 米杯
熱水 2 米杯
冷水 3 米杯

蔥綠汁 250 克（1 公斤的蔥，切下蔥綠後打汁）
鹽 適量（約 1 匙，可稍增減）

做法

01 把蔥綠切段，用手持攪拌棒打成泥狀。

02 取一個大碗，放入麵粉跟鹽拌勻後，倒入熱水，邊用筷子拌勻。

03 分次倒入冷水，每次只倒一點點並確實和勻，再加下一次水。

04 慢慢倒入蔥綠汁拌勻，做成麵糊，靜置約 30 分鐘。

05 在平底鍋抹油，倒入一勺麵糊，用湯勺往外擴散抹開，等麵糊能滑動時翻面，用鍋鏟壓扁壓薄，兩面上色後移到盤子上，直到所有麵糊煎完。

成本

蔥綠 15 元＋麵粉 30 元，做 24 片
此次食材成本約 2 元／1 片

註：我用 20 吋平底鍋。

洋蔥出牆記
做成料理醬

任何料理都適合

炒成洋蔥醬超級香甜

　　之前視察市場時買了許多很便宜的洋蔥，想說既然有多的，那就來種種看，我把發芽的洋蔥放在土裡，每天給它澆水，期待它會茁壯長得非常雄偉，誰知它竟然是個偷懶的洋蔥，只享受每天的愛心灌溉，不肯長大長高，我只好把它剪下來（不能怪我狠心呀）。

　　眼看著其他還沒發現春天的洋蔥似乎也蠢蠢欲動，似乎要發芽的樣子，但我依然懷抱著希望，心裡想像著它們會是壯碩大蔥的畫面，為了看到綠油油的小蔥田，我低聲下氣的問孟爺，能否幫我照顧呢……

材料

洋蔥 300 公克
食用油適量
鹽適量

做法

01 把洋蔥洗淨去皮,切成約 1 公分粗絲。

02 在鍋子裡加稍多的油,放入洋蔥絲,耐心用中火翻炒到變褐色。

03 炒好後放至冷卻,冷藏保存三週,請趁早食用完畢。

成本

洋蔥 4 個 40 元+油約 15 元
此次食材成本約 1 瓶／55 元

Tip　洋蔥醬可以拿來拌麵、拌燙青菜、炒飯／麵／米粉,還能煮湯、煮咖哩,非常百搭,而且它比紅蔥頭還甜,我覺得更好吃!

素食者也能吃的
芹菜盒子

加了葉子真的超香

全食材不浪費

　　終於了解為什麼那麼多人喜歡春天，因為春天萬物皆長（不是漲喔），蔬菜水果普遍便宜，之前一小把就要 50 元的芹菜（只有 3 根），有天逛市場發現居然一斤是 15 元！看到這麼便宜的芹菜豈能錯過，於是毫不考慮地買了。

　　但買了之後就後悔了，因為好大一把！正煩惱要怎樣消化掉芹菜時，想到有次在我家辦同學會，其中一位同學茹素，我想說做韭菜盒子（我傻傻以為只要是從地上長出來的都是素的）正要放入韭菜時，孟爺突然說：「韭菜是葷的喔！」哇，怎麼辦？所有材料都準備好了呀，當

下看到一旁準備用來撒在湯裡提香用的芹菜，我馬上決定一部分維持韭菜內餡，另一部分做成芹菜內餡，沒想到芹菜盒子反而受到同學們的喜愛，吃得好開心。製作時，建議連葉子也加進去，雖然帶點苦味，但吃不出來的，反而會很香喔！

材料

【餡料】		【麵皮】
芹菜 1 斤	中筋麵粉 2 大匙	中筋麵粉 3 米杯
冬粉 3 把	香油 2 大匙	鹽 1 匙
豆皮 4 片	白胡椒粉 適量	熱水 1 杯
雞蛋 4 個	鹽 適量	冷水半杯
		食用油 1 大匙

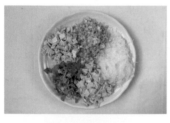

做法

01 洗淨芹菜，確實瀝掉水分後切細丁。

02 豆皮泡一下熱水後取出，切小丁：冬粉放入熱水泡軟，撈出濾掉水，切小小段。

03 備一油鍋，倒入打散的雞蛋液，煎成蛋皮後切小丁。

04 取一個大碗，放入芹菜丁、蛋皮丁、豆皮丁、冬粉段混合，再加鹽、白胡椒粉、香油調味拌勻成餡料。

05 在另一個大碗中放入麵粉、鹽，倒入熱水，用筷子攪拌均勻。再倒入半杯冷水後揉勻，放入塑膠袋裡靜置，讓麵團變光滑後取出，分成 18 份（每份大約 50g）擀成圓形麵皮。

06 在麵皮中心放入餡料，包成比水餃大 3～4 倍的盒子，可做 18 個左右。

07 在平底鍋抹油，排放芹菜盒子，以小火半烘半煎到皮變透明後，加入大約 1/3 杯水，煎到底部成金黃焦香後再翻面煎上色即可。

成本

餡料含麵皮 110 元，大約做了 18 個，此次食材成本約 6.5 元／1 個

recige

煮湯提味的
酸高麗菜

酸酸脆脆的好開胃

我應該把種高麗菜的朋友收編為新佃農嗎？

　　新聞說，現在高麗菜產量過剩，一顆只要 10 元，我天真以為能在附近的菜市場找到，結局當然是遍尋不著啦！沒想到我從菜市場回到家的時候，有兩顆高麗菜在廚房等我了，是孟爺的朋友的同學拿來的（關係好複雜喔）。看到兩顆超大的高麗菜，應該很開心的我卻開始煩惱了，因為實在太大了，別說冰箱放不下，吃也吃不完呀！孟爺一臉看好戲的表情又出現了，默默走出廚房。

　　於是，我把高麗菜一片片剝下，泡水、切細絲、撒鹽、重壓……。兩

天後，酸高麗菜完成了，兩顆好大的高麗菜被裝進兩個不算大的玻璃罐裡。我把酸高麗菜加到肉片湯裡，還加了油豆腐、胡蘿蔔，結果孟爺稀哩呼嚕地喝完一整碗，連最討厭的胡蘿蔔都沒剩。看他滿足地喝完湯，我得意地跟他說：「再來兩顆我都不怕喔！」

材料

高麗菜 適量
鹽 適量

做法

01 將高麗菜一片片剝下後洗淨，稍稍瀝掉水分。

02 加入鹽（高麗菜總重的 2%），用手拌勻，讓葉片全部沾到鹽，再倒入較大的塑膠袋裡。

03 把塑膠袋裡的空氣擠出來，綁緊，整袋高麗菜放入大保鮮盒裡。

註：食用時，需用乾淨的筷子取出。

04 用比較小、裝滿水的保鮮盒壓在做法 **03** 上，等待兩天。準備兩個玻璃瓶，放入熱水鍋裡消毒殺菌，水滾後撈起，倒放晾乾備用。

05 兩天後移入玻璃瓶裡（需乾燥無水分），放冷藏保存，一個月內食用完畢，醃製後的滷水變黃是正常的，會有天然香酸味。

成本

2 顆高麗菜做 3 罐（這次拿的高麗菜是朋友送的，所以不用錢…），此次食材成本約 1 瓶／ 25 元

清冰箱料理最配的
鹽浴青江菜

鹽浴後的青江超級嫩甜

只把它跟蛋做朋友

　　最近去菜市場時，已經聽不太到蔬菜們說「來買我～」的聲音，但我卻注意到被冷落已久的青江菜，青江菜在我眼裡是蔬菜界最乖巧、最沒有脾氣、最與世無爭的乖巧蔬菜，也是最不顯眼的蔬菜！因為別人總愛爭低價、出風頭，青江菜其實也低價，可是沒人理；別的葉菜類嬌嫩，只要照顧不好就擺爛，可是青江菜不會，隨便丟冰箱就好，它總是乖乖地生長好幾天。

　　青江菜其實也會出現在各個料理中，但每次都無法勝出，連配角都很難當上。最近，它一直以低價的誘人姿態出現在我面前，我其實不愛它，因為它太不出色了，但是～～一大袋兩斤才 40 元…呀！好吧，

公平點！不能每次只買高麗菜、地瓜葉回家，完全顧不得冰箱沒有「青江」容身之地，我終於下決心把青江菜帶回家。

回家後，先讓青江小寶寶入住冰箱，其他比較大棵的青江菜就來個薄鹽浴，就這樣，兩斤的青江菜快樂地進駐我家了。

材料
青江菜 適量
胡蘿蔔絲 適量
雞蛋 2 顆
鹽 適量
食用油 少許

做法

01 摘下青江菜的老葉，洗淨後濾掉水分，放入大保鮮盒，加入鹽（青江菜總重的 2%），蓋上蓋子，搖晃保鮮盒，讓葉片全部沾上鹽。

02 靜置約 20 分鐘，把青江菜的水分擠掉，切細碎，放保鮮盒冷藏；或依每餐吃得完的量分包，裝入密封袋，冷凍保存。

03 切細的鹽浴青江菜、胡蘿蔔絲，放入大碗中，打入雞蛋拌勻。

04 在平底鍋加適量油，倒入蔬菜蛋液，以小火煎到兩面金黃即可。

Chapter

4

節省備料時間的
生鮮快煮包

用「食材便利包」的方法,把食材處理好之後,再加上「調味」動作,把食材處理到可以直接下鍋的程度,就是生鮮快煮包了。它的原理有點像市售的冷凍食品,但我們是自己在家做,所以沒有看不的添加物,吃起來更加放心。

煮法多變又省時的生鮮快煮包

　　「生鮮快煮包」是「食材便利包」的稍微進階版，我習慣把食材前處理之後，再進一步完成去腥、調味、分包的動作，之後只要從冰箱取出就能煮了，確實省下每次備料的繁瑣流程及時間。你可以把它想像成自製的冷凍食品（但我們做出來的不是食品，是原食材），不僅更符合家人口味，而且沒有複雜難懂的成分，吃到的都是食材原味和營養。事先做「生鮮快煮包」儲備於冰箱的好處有幾個：

01 有事先殺菌、去腥處理，能減少細菌孳生機率。

02 因為做了精準分包，所以餐餐都新鮮。

03 吃的時候稍微退冰，只需要一點加熱時間，份量也剛剛好，不會有剩菜。

04 一次做多一點，節省瓦斯費。

　　「生鮮快煮包」很適合煮飯頻率高的家庭主婦、職業婦女，以及懶得天天想菜單的人，依據個人或家庭需求，先把食材處理成喜歡的口味，無論要蒸要炸要烤都 OK，加熱方式多樣化。

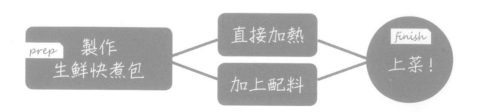

麵湯料快煮包 （冷凍1個月內）

　　我也有不想做菜，只想隨便煮的時候，這時候我會用家裡的乾麵或米粉煮一碗清湯麵、米粉湯，但是又不想要空空的沒料，如果湯裡有豆芽、韭菜的話，味道會更到位，但是冰箱裡並不是隨時都有豆芽、韭菜備著，就算有也懶得洗那麼一點點。所以，我乾脆把豆芽＋韭菜做成麵湯料便利包，結果效果滿好的，可以搭配任何麵食煮。而且因為份量是固定好的，無論是一個人或兩個人吃都沒問題！

材料

豆芽、韭菜

做法

01 剪掉豆芽尾端的鬚，洗淨後瀝乾水分。這樣做的好處是讓口感更清脆並延長保存時間；韭菜洗淨，切小段。

02 將保鮮膜鋪在砧板上，依個人喜好的比例放上豆芽、韭菜，用保鮮膜包成一份一份，放入密封袋，冷凍保存。

食用法

煮乾麵或米粉時，將生鮮快煮包的食材放湯裡煮滾，依個人喜好調味即可。

五穀雜糧快煮包 （冷藏6天內；冷凍1個月內）

　　我家的主食是米飯，雖然餐餐都會吃到，但是消化速度非常慢，往往煮一杯米都要吃上 2～3 天，我想說反正都要放冰箱擺著，還不如一次煮多一點，做成便利包，不僅省電費，每次要吃就取一兩包，不會有剩飯。這個方法適用於白飯、黎麥、糙米、大麥、十穀米…等。

材料

煮熟的米飯或五穀類

做法

趁米飯微溫的時候盛入碗中，直接倒扣米飯在保鮮膜上，留點空氣，以蓬鬆方式將保鮮膜包好，冷凍保存。有時我會包兩層保鮮膜，防止米飯吸到冰箱裡的其他異味。

另一個方法是一次煮好一週內吃得完的米飯，以不壓擠的方式盛入保鮮盒，冷藏保存。

食用法

直接微波加熱，即可食用。

蝦皮快煮包 （冷藏 1 個月內；冷凍 6 個月內）

　　炒蔬菜的時候，若放入一點蝦皮，滋味立即升級，但是炒蝦皮的製作過程讓我覺得超級費工。所以買回蝦皮後，我會全部處理、爆香，做成便利包保存，日後做料理時，把爆好的蝦皮放在蔬菜上，加少許水並加蓋燜煮三分鐘，都不用油，酌量加點鹽，香甜美味的炒蔬菜就完成了。朋友們吃過這樣的炒蔬菜後都讚不絕口，紛紛問我施了什麼魔法？雖然爆炒蝦皮耗些時間，但隨時有萬能的蝦皮可用，非常推薦這道便利包。

材料

米酒、食用油（淹過蝦皮的量）、蝦皮 4 兩

做法

01 蝦皮放在濾網上，沖水洗淨後瀝乾。

02 倒入米酒淹過蝦皮，靜置約十五分鐘。

03 濾掉米酒，將蝦皮放入鍋裡，倒入淹過蝦皮的油量，以小火慢炒至金黃色，等冷卻後再放入保鮮盒，冷藏保存。

食用法

除了冷藏，也可放冷凍保存。為什麼不選蝦米？因為蝦皮比蝦米便宜很多，又富含鈣質，口味是一樣的。

高湯快煮包（ 冷凍 1 週內 ）

　　為了讓湯品更美味，許多人會用大骨或雞骨熬煮高湯，但對我來說要花時間熬煮，煮完後的骨頭又要丟棄，個人覺得很可惜。但不可否認，加了高湯的料理確實能增添美味，我會利用汆燙肉品的時候製作高湯，不僅省錢而且同樣有鮮味，適用於任何需要用到高湯的料理。

材料

肉品、水（淹過肉的量）

做法

01 將肉品洗淨後放入鍋中，加入蓋過肉品的清水。

02 蓋上蓋子，開小火煮到水完全滾，關火後繼續燜著，直到稍微變涼。

03 取出肉品（可食用），在另個湯鍋裡鋪棉麻布，過濾高湯以去除雜質，再將湯汁倒入多個小盒子，凍成塊後取出，放入密封袋，冷凍保存。

食用法

不用退冰，直接將高湯快煮包和其他食材一起煮。

綜合蔬菜湯快煮包 （冷凍 2 個月內）

　　有很多蔬食者或喜歡喝蔬菜湯的人製作湯品時都有相同煩惱，就是要買很多種蔬菜，但偏偏蔬菜保鮮期限又短，常常為了吃不完而可能放到壞掉。這時，可以把多種蔬菜做成綜合蔬菜快煮包，既不會浪費食材，也不用每次要喝時都要重新煮一鍋。此蔬菜湯也能當成煮任何麵食的湯頭，葷素皆宜。

材料

中型白蘿蔔 1 顆
胡蘿蔔 1 根
喜歡的菇類 適量
中型番茄 2 個

洋蔥 1 個
大蒜 6 瓣
薑 7 公分
昆布 6 公分

做法

01 洗淨所有蔬菜，白蘿蔔去皮後切成約 2 公分塊狀；胡蘿蔔切小塊；番茄切塊；洋蔥去皮後切小塊；大蒜去皮、薑切片。

02 將細長菇類剝散（若用香菇的話，香菇梗可切小片，一起煮）；昆布剪成一段一段（若使用新鮮海菜，也剪成段）。

03 將所有食材放入大湯鍋，加入大約食材 1/3 的水量，煮到食材熟軟即可關火。

04 準備保鮮盒，先鋪一層保鮮膜。

05 將放涼的蔬菜湯倒入保鮮盒（大約兩天內吃得完的份量或一餐的量），冷凍定型。

06 結凍後取出蔬菜湯冰塊，用保鮮膜包緊，冷凍保存。

食用法

不用退冰，直接將綜合蔬菜湯快煮包和其他食材一起煮，等食材熟即可關火。

 Tip　據說這道綜合蔬菜湯可以讓體重下降，一直屬於圓圓身材的我立刻想用這方法讓自己變成扁扁型。我還常煮一大鍋蔬菜湯分給朋友們，他們都說這是非常神奇的蔬菜湯（除了沒有讓我變扁扁之外），因為這道蔬菜湯百搭、加什麼都好吃，是清冰箱的神隊友，也有朋友說吃了之後，人生變得「好順暢」；更有朋友說她家孩子超級愛，飯量大增；另一個朋友說她家人只有在吃這道湯料理的時候，才說她的料理好好吃，好像真的很神奇？但為什麼只有我覺得它不過是一道蔬菜湯呢？

排骨湯快煮包 （冷凍1個月內）

我注意到不管用多少量的排骨，都需要耗時 45 分鐘以上熬煮，肉質才能燉得軟嫩，總覺得有些耗瓦斯。延續高湯快煮包的原理，我會買上一鍋放得下的排骨一次熬煮好，做好以後再分包，做成排骨湯快煮包，因為排骨就算再加熱，味道也不會變，所以一次煮多一點反而省瓦斯。這方法也能拿來燉牛肉、滷肉、四神湯、梅干扣肉，甚至是甜湯料（花生、花豆、芋頭、紅豆），這樣想吃的時候隨時有。

 材料

依湯鍋大小決定排骨和水的量

做法

01 將排骨洗淨後放入鍋裡，加入冷水，以小火慢慢汆燙，煮滾後關火。

02 將汆燙好的排骨洗淨，再加入蓋過排骨的水，放入電鍋或壓力鍋煮軟。

03 準備保鮮盒，先鋪一層保鮮膜。倒入放涼的高湯和排骨（大約兩天內吃得完的份量或一餐的量），冷凍定型。

04 結凍後取出排骨湯冰塊，用保鮮膜包緊，冷凍保存，建議貼標籤標註。

食用法

不用退冰，直接將排骨湯快煮包和其他食材一起煮。

雞翅快煮包 （冷凍2個月內）

　　雞翅是很討喜的菜色，而且價格便宜，它既能當成主菜，也可以當配菜、下酒菜、追劇零嘴，還能是孩子們的便當菜、野餐料理。我的雞翅快煮包調味、做法都很簡單，後續從冰箱拿出來的加熱方式更是容易，用平底鍋煎一煎就能上桌，是家庭必備菜色呀！

材料

雞翅、醬油、砂糖

做法

01 洗淨雞翅後用廚房紙巾擦乾水分。

02 把醬油、糖調勻成醃料（請依個人喜好調整），淋在雞翅上拌勻，醃漬約10分鐘，再以不重疊方式，把雞翅放入密封袋，冷凍保存。

食用法

不用退冰，直接下鍋煎熟，或進烤箱烤熟；若用微波爐，讓雞翅尖角朝盤子中心擺放（如圖示）不用加蓋，以強火微波三分鐘後翻面，再微波三分鐘即可。

炸雞塊快煮包 （冷凍 2 個月內）

炸雞塊是大人小孩都很難討厭的菜色，炸好的雞肉表皮酥酥香香的，每個人都會忍不住一次吃個好幾塊，無論當成主菜或點心都很有人氣。這道菜在我家算是孟爺的拿手菜色，他總是有耐心地把雞肉炸得金黃酥脆，堪稱油溫控制大師～

材料

雞胸肉、蒜泥、鹽、白胡椒粉、米酒、麵粉

做法

01 把切塊雞胸肉或去骨雞腿肉放入碗中，加入蒜泥、鹽、白胡椒粉、少許米酒，醃漬約 10 分鐘。

02 把醃漬入味的雞肉塊放進已加麵粉的塑膠袋，稍稍搖晃，讓雞塊都沾到麵粉，再拍掉過多的麵粉。

03 在砧板上鋪一張保鮮膜，擺放雞肉塊、使其不重疊，放冰箱冷凍。

04 結凍後取出，放入密封袋，冷凍保存。

食用法

不用退冰，直接下鍋炸。

雞絲快煮包 （冷凍 1 個月內）

　　我喜歡煮湯或煮麵時加入雞絲，尤其是煮泡麵時非常對味。但如果每次都要把雞胸肉退冰再煮熟，然後等放涼再剝成絲實在麻煩，那我寧願不吃或直接吃外食，所以我的冰箱也會有雞絲快煮包備著。除了煮泡麵，也能拿來做成涼麵料或熱炒料理。

材料

雞胸肉

做法

01 雞胸肉放入冷水鍋裡，以小火煮到雞胸肉熟透後取出。

02 放涼後剝成絲，依每餐需要的份量分成小份小份，用保鮮膜包緊，集中放入密封袋，冷凍保存。

食用法

煮湯或煮麵前將雞絲取出，不用退冰，待湯和麵差不多煮滾時，加入雞絲烹煮即可。

薑汁豬排快煮包 （冷凍 2 個月內）

　　許多人買一整條里脊肉回家後會直接放冰箱冷凍，但是我會先醃製成薑汁豬排快煮包，這樣要吃的時候不必再等退冰、切片、拍扁、調味的過程。做好的薑汁豬排快煮包直接放平底鍋煎就可以了，趁沒結凍時先處理，只花不到 10 分鐘的時間，比起沒處理就直接放冰箱會方便很多。

材料

豬里脊、蒜片、醬油、味醂、薑汁

做法

01 將豬里脊斜切成約 1.5 公分厚，放進有厚度的大塑膠袋裡，用肉槌輕輕拍成大薄片。

02 將里脊肉薄片、蒜片放入大碗，加入醬油、味醂、薑汁調味（我的比例是 1：1：1），然後將每餐要吃的片數放入小塑膠袋分包，再集中放入大密封袋，盡量平攤不重疊，冷凍保存。

食用法

將調味好的里脊肉薄片稍稍退冰，放入加了少許油的平底鍋煎熟，或和其他食材一起炒。

蒸肉餅快煮包 （冷凍2個月內）

　　我習慣把絞肉做成各種變化的快煮包，要吃的時候，只需要拿出來直接下鍋。基本款是蒸肉餅，以它為基礎再做變化，一次把調味全部處理好，分別加入各種喜歡的食材，例如玉米、芋頭丁、毛豆、香菇、豆腐、胡蘿蔔…等，做成不同口味的肉餅。比較有時間時，我會用豆皮當底，取適量拌好的絞肉放在豆皮上再捲起來，估算每餐吃得完的量，再用保鮮膜包緊，集中放入大密封袋，冷凍保存。

材料

蔥末、薑末、米酒、麻油、鹽、白胡椒粉

做法

01 將絞肉放入大碗，加入蔥末、薑末、米酒、麻油、鹽、白胡椒粉，稍稍攪拌到黏結成團的狀況（想加料的人，這時可以一同放進去拌勻）。

02 依食用份量將絞肉塑型成一份一份，用保鮮膜包好，放入冷凍庫，待絞肉結凍成型。

03 取出凍好的所有絞肉，集中放入大密封袋，冷凍保存。

食用法

拿掉外層保鮮膜，將肉餅放入容器中，直接放電鍋蒸熟。

炸魚片快煮包 （冷凍2個月內）

　　我超不喜歡炸魚，因為會讓整個流理台都是油漬，而且廚房裡到處是魚味。我通常是買一個量，然後一次處理好，放冷凍保存，不必為了炸魚片又重覆一次煎炸的過程，而且用完的油又很難處理掉。

材料

白肉魚片、麵粉

做法

01 洗淨魚片，分切成每餐吃得完的大小。

02 用廚房紙巾把魚片表面水分擦乾，抹一點鹽，兩面沾上麵粉。

03 備一油鍋，放入魚片煎炸到兩面金黃後撈起瀝油，放至冷卻。

04 依每餐要吃的量包好，放入小塑膠袋，再集中放進密封袋，冷凍保存。

食用法

想吃乾煎的酥酥口感時，在電鍋外鍋鋪上錫箔紙及烘焙紙，以不重疊方式放入炸魚片，按下加熱開關，待開關跳起後翻面，確認都熟了之後再享用，也可利用平底鍋加蓋乾煎。想吃紅燒或糖醋口味的話，把炸魚片放鍋裡，加入蔥薑蒜和喜歡的醬汁、適量水，加蓋，以小火紅燒烹煮。

帶殼蝦快煮包 （冷凍1個月內）

　　我常會買沒凍過的帶殼蝦，一買回來也是立即處理好，依食用份量分成一包一包的。無論是紅燒料理、煮湯、煮火鍋都很適合，烹調前不用退冰，直接放入鍋中煮即可，非常便利。

材料

帶殼蝦

做法

01 將帶殼蝦的腳鬚及頭部剪掉一半（蝦頭的鳌刺很容易刺傷手，建議剪掉），挑掉沙腸，徹底洗淨。

02 依一餐吃得完的份量分好，放入小塑膠袋，以不重疊的方式平攤，再放入大密封袋，冷凍保存。

食用法

不用退冰，適用於快炒、蒸煮、煮湯…等各種料理。

軟絲／小卷快煮包 （冷凍1個月內）

　　軟絲或小卷也可一次處理好，我習慣事先分成切塊、切花兩種形狀，這樣無論要做快炒料理、煮海鮮湯麵和燴飯都很方便。但需留意，保存時要利用廚房紙巾或烘焙紙，把軟絲或小卷隔開，才不會冷凍後都黏在一起而不好使用。

材料

軟絲／小卷

做法

01 將處理過的小卷洗淨，用刀輕輕劃出交錯的刀痕，再切成片或圈狀。

02 取一張廚房紙巾，放上小卷或軟絲吸掉水分。

03 依食用需求或每餐份量分包，放入大塑膠袋或密封袋中，冷凍保存。

04 如果想分成較小包，建議兩包之間墊一張廚房紙巾，就能避免冷凍時讓兩包黏在一起而不好分開。

食用法

不用退冰，可以氽燙或直接下鍋烹煮。

我的萬用調味醬

我家習慣吃微微甜的醬汁，類似照燒醬的味道，我每次都會請孟爺用小湯匙幫我把糖和醬油攪拌到糖融化，每次都要花好幾分鐘才能完全攪勻，實在有點麻煩。所以我乾脆用中小型保鮮盒，一次做多一點保存起來。日後要用到醬油做紅燒料理的時候，只需取出已經調好的「類照燒醬」調味，非常方便。每家都有自家慣用的醬汁，不妨一次多做一點，料理時更輕鬆，而且不容易走味。

註：保存方式為冷藏，請於兩週內使用完畢。

壽司醬比例

鹽
1 小匙

+

二砂糖
1 大匙

+

壽司醋
2 大匙

∨

味噌醬比例

味噌
1 大匙

+

醬油
1 大匙

+

二砂糖
2 大匙

∨

照燒醬比例

醬油
1 大匙

+

味醂
1 匙

+

二砂糖
1 小匙

∨

Chapter

5

到家立刻開飯的
加熱即食包

每天煮飯真的很熱很辛苦，而且有些菜色比較費
工，我不想要大費周章，每次都從備料開始重做，
所以從多年開始，我的食材處理法就多了只需加熱
就能吃的「加熱即食包」，只要是比較麻煩且可以
一次做大量且加熱後味道不變的料理，我都用這樣
的方式處理。

沒有下廚靈感的好幫手即食包

　　下廚真的很辛苦呀，光是每天想菜單就很燒腦，有時想滷一鍋肉、炒一大盤菜連續吃個兩天順便帶便當，偶爾偷懶一下，但家人似乎不太賞光…。孟爺告訴我，他的媽媽（我的婆婆）以前就是這樣（呵呵呵，媳婦總愛說婆婆壞話），每次都炒一大盤一大盤菜，然後重複加熱吃，每次吃到第四天以後，他都找藉口去吃巷口的陽春麵。我才知道，之前他對我的料理讚不絕口，只是因為天天端上桌的是當餐煮的新鮮料理，並不是我的廚藝多厲害，也讓我了解，再好吃的料理，常常吃、天天吃，也是會膩的。

　　但有些比較費工的菜色，像是蹄膀、滷牛腱，我還是不想要大費周章地每次總是重做（不專業主婦想留時間做自己喜歡的事，哈），但這又考驗到只有少少腦漿的我了。有一次，我試著把蹄膀滷好，然後切成四份，只拿出一份現吃，其他切薄片，用密封袋分成一包一包，放冷凍庫保存。隔了好幾天要做晚飯時，就拿一包出來加熱，結果孟爺居然吃不出是前幾天的蹄膀，吃的津津有味。從此，我的食材處理就多了只需加熱就能吃的「加熱即食包」，只要是比較費工、可以一次做大量且加熱後味道不變的料理，我都用這樣的方式處理。

助你立即上菜的偷吃步保存術

對我來說，加熱即食包是一種偷吃步保存術，因為有些料理的食材種類多，量少真的很難做，像是很下飯也能搭配粥、麵一起吃的客家小炒就需要用到很多種食材，像是大蒜、蔥段、芹菜、豬肉絲、魷魚、豆干、蝦米、花生…等，採買時根本無法只買一點的量，即使只買半斤豆干、半斤豬肉絲，也還是要買一整條魷魚呀！食材這麼多，每樣都加一點的話，炒起來就是一大盤，而且難免會剩下一些食材，剩餘食材的保存也令人頭痛。加熱即食包就可解決這個問題，一次全部煮好然後分包保存，每次只取需要吃的量加熱，不用連續多餐都吃一樣的菜而吃到膩。

製作「加熱即食包」最大的限制就是：得是「就算加熱，味道幾乎不會變」的料理，才適合做成即食包，更理想的狀態是有著和多種主食做搭配的潛力，才能製造出料理多變的錯覺（這是主婦的幻術之一～）。利用假日做好加熱即食包，在沒有下廚靈感時、上班忙碌時、臨時需要加菜或做便當時，都能派上用場！當餐不但能少做一道料理，只需用電鍋或微波爐加熱很方便，而且有新鮮的感覺，這就是我做即食包的起心動念。

此外，做即食包還有兩個好處，一次把料理煮好，能省下瓦斯費、水費、電費；第二個好處是，在你最忙的時候也能讓家人自理一餐簡單的飯菜。即食包的好處多多，也很適合一個人住的自炊族，只

要做過一次就能感受到它的魅力，接下來分享我家常備的加熱即食包食譜做法，但建議料理鹹淡依各家口味自行調整。

肉燥即食包

　　肉燥可以搭配的料理或食材非常多樣，可以配飯、拌麵，也能為燙青菜添味增香，只要冰箱備有幾包，做菜就非常輕鬆，但是肉燥製作時間比較長，建議一次多做一些，變成即食包。

保存期
2 個月

材料

豬絞肉 1 斤	砂糖 1 小匙	胡椒粉 適量
紅蔥頭 200 公克	水 適量	肉桂粉 1 匙
香菇 10 朵	醬油 1 大匙	

做法

01 洗淨紅蔥頭後切細碎，香菇切末備用。

02 加熱鍋子，放入豬絞肉，以中火炒到肉末變色，先盛起。

03 利用逼出來的豬油炒香紅蔥頭，再放入香菇丁也炒香。

04 放回做法 *02* 的絞肉，加入醬油、砂糖和蓋過絞肉的水量，轉小火熬煮到水收略乾，再加適量胡椒粉及肉桂粉，炒勻後即可起鍋。

05 等肉燥放涼，分成一週會用得完的量，舀到小盒子裡（我用的是矽膠材質），結凍後取出，用保鮮膜包緊後放入密封袋，冷凍保存。

食用法

01 把肉燥冰塊放入可加熱的碗中，放電鍋加熱後，淋在飯麵或燙青菜上拌勻享用。

02 沒用完的話也可放冷藏，於一週內盡快食用完畢。

打拋豬即食包

　　除了台味肉燥，有時會想換個口味吃點辣，像是泰式打拋豬。只要買一次辛香料就可做成好幾份即食包，不會有絞肉剩下放到忘記的情況，即使你一個人開伙也能輕鬆做這道菜，不怕一次吃不完。

保存期

2 個月

材料

豬絞肉 1 斤	香茅碎 2 大匙	砂糖 1 大匙
牛番茄 2 個	九層塔　適量	檸檬 半個（喜歡微酸的人，
蒜末 3 大匙	醬油 3 大匙	可用 1 個）
		魚露 2～3 大匙

做法

01 洗淨牛番茄，切小塊備用。

02 加熱鍋子，放入豬絞肉，用中火炒乾後，
淋上米酒去腥再炒乾，先盛起。

03 加入蒜末、香茅碎先炒香，接著加醬油、
砂糖、魚露、番茄塊、九層塔，以及做法
02 炒過的豬絞肉，最後擠入檸檬汁，炒勻
後即可起鍋。

04 等打拋豬放涼，分成一週會吃得完的量，
舀到小盒子裡（我用的是矽膠材質），結
凍後取出，用保鮮膜包緊後放入密封袋，
冷凍保存。

食用法

01 除了拌麵飯，還能做成打拋茄子、打拋豆
腐。切好的茄子擺入加了 1 匙油的平底鍋
中（白色朝向鍋面），放入打拋醬冰塊，
倒少許熱開水後加蓋，以小火燜幾分鐘，
待茄子熟了之後拌炒一下，依個人口味進
行調味，即可關火。

02 再次加熱時，九層塔顏色會略微變黑，但
不影響香氣。

炒米粉料即食包

　　台灣的炒米粉很有名也很好吃，但是我嫌做法太繁瑣（只要超過三樣材料，我就會嫌麻煩），光是泡香菇、洗和切紅蔥頭就很耗時，而且每次買的食材都偏多，所以把炒米粉的料做成即食包，就能在想要吃的時候隨時上桌囉。

保存期

2 個月

材料

豬肉絲 1 斤　　　　香菇 10 朵　　　鹽 少許
紅蔥頭 半斤　　　　小胡蘿蔔 1 根
蝦皮 50 公克　　　　醬油 少許

做法

01 豬肉絲放入滾水鍋，浸泡到變白後撈起備用。

02 胡蘿蔔去皮切絲、紅蔥頭切片、香菇泡發後切絲備用。

03 加熱鍋子，倒入油，將紅蔥頭、香菇、蝦皮分別炒香後再混合，倒回原鍋。

04 加入胡蘿蔔絲、做法 *01* 的肉絲，加入少許醬油（依個人口味可略加鹽），炒勻後即可起鍋。

05 把拌勻的料分成適合你家的食用份量（我會用盤子測量每餐的量），分別放入塑膠袋鋪平鋪薄成一包包，集中疊放在大密封袋中，冷凍保存。

食用法

01 做成炒米粉或炒冬粉：把乾燥米粉泡水後擠掉水分備用，熱油鍋後加入炒米粉料即食包、放入米粉，加入適量水煮到米粉收汁後加鹽或醬油調味，再翻炒入味即可關火。

02 此便利包也適合炒麵、炒冬粉／粄條／油飯、煮肉羹湯、搭鹹粥或碗粿、炒青菜或燙豆腐的配料。

酸辣湯料即食包

　　這道是我私藏的料理，因為擔心有些挑剔的饕客會來踢館，所以本來不打算公開，但某次課程中，有位愛吃鍋貼配酸辣湯的同學問起，我只好和她說做法，結果她分享給學妹們，吃過的都大推。她說，自從會做這個即食包之後，一個月至少省下 3000 元（她會用冷凍水餃做鍋貼來搭配酸辣湯），喜歡酸辣湯的人可以試試看喔。

保存期

2 個月

材料

雞胸肉 1 塊	鮮香菇 5 朵
胡蘿蔔 1 根	豆皮 3 塊
竹筍 1 根	黑木耳 3 片

做法

01 備一滾水鍋，放入雞胸肉煮熟後，撈起放涼，剝絲備用。

02 竹筍去殼，同樣燙過後放涼，切細絲。

03 胡蘿蔔去皮切絲，香菇、豆皮和黑木耳洗淨後也切絲。

04 把以上所有食材放入大碗中混合均勻，依照每餐吃得完的份量分包，再裝入密封袋中，冷凍保存。

食用法

01 備一滾水鍋，放入酸辣湯料即食包，煮滾淋上太白粉水勾芡，然後倒入蛋液攪拌成蛋花，依個人喜好調味，倒入適量醋、淋上香油即可。

02 此即食包也可以加入肉羹，做成肉羹湯；有時我會用來煮大滷麵、酸辣麵，或直接炒成什錦菜。

雜醬即食包

　　雜醬不一定配麵，也可以跟其他料理搭在一起，我會做成即食包是因為每次只做一點的話，豆瓣醬總會剩下，所以乾脆一次買足一斤豆干、豬絞肉、豆瓣醬、甜麵醬，一次煮好，未來要吃時只需要煮麵、米粉、冬粉或煮飯，非常方便。

保存期
2 個月

材料

豬絞肉 1200 公克	黑木耳 3 片	甜麵醬 1 罐（小）
豆干 600 公克	竹筍 600 公克	砂糖 適量
胡蘿蔔 1 根	豆瓣醬 1 罐（小）	

做法

01 豆干、胡蘿蔔、黑木耳切丁；竹筍去殼後也切丁。

02 熱油鍋，放入豬絞肉炒至變白色，此時放入豆干丁，利用炒出來的油將豆干炒香，再放入胡蘿蔔丁、竹筍丁拌炒，先盛起備用。

03 利用原鍋加少許油，將豆瓣醬、甜麵醬炒出香味後放入做法 *02* 的所有食材，拌炒後再加入蓋過食材的清水，煮至水滾後再加砂糖調味，轉小火燜煮到濃稠。

04 等雜醬放涼，分成一週會用得完的量，舀到小盒子裡（我用的是矽膠材質），結凍後取出，用保鮮膜包緊雜醬冰塊後放入密封袋，冷凍保存。

食用法

要下廚前，先把雜醬冰塊的外層保鮮膜剝掉，放入耐熱容器中，以電鍋加熱即可。

Tip 如果沒有竹筍，也可用杏鮑菇代替，一樣有口感。

番茄肉醬即食包

我算過，買一罐市售紅醬的價格，若換成自己做的話可以得到四罐的份量，做法不難，而且比市面上賣得更便利，因為已加入絞肉了，這樣不但能省下 60％ 的食材費，所有食材都是自己嚴選的，油量、鹽量也能依照自己的需要來調配，絕對健康，真心推薦喜歡吃義大利料理的朋友自己做。

保存期
—
2 個月

材料

豬絞肉 1200 公克	洋蔥 4 個	番茄醬 1 瓶
洋蔥 2 個	胡蘿蔔 1 條	月桂葉 3 片
大蒜 8 瓣	蘑菇 1 盒（約 300 公克）	

做法

01 蘑菇切片；洋蔥、番茄、胡蘿蔔切小塊後放入果汁機攪打成泥狀。

02 熱油鍋，放入豬絞肉炒到變白色後放入蘑菇片炒熟。

03 取一個有深度的大鍋，放入做法 *01* 打好的蔬菜泥、月桂葉、番茄醬，放入做法 *02* 的食材，煮到濃稠後，再依喜好調味。

04 等番茄肉醬放涼，分成一週會用得完的量，舀到冰塊盒裡（我用的是矽膠材質），結凍後取出，用保鮮膜包緊番茄肉醬冰塊後放入密封袋，冷凍保存。

食用法

01 義大利肉醬麵：加熱番茄肉醬，淋在煮好的義大利麵上即可。

02 鄉村濃湯：將番茄肉醬放入湯鍋中，放入洋蔥絲、高麗菜絲，倒入冷水煮開，即是鄉村蔬菜湯。

03 肉醬吐司：將番茄肉醬冰塊微波加熱，抹在兩片吐司上，做成熱壓肉醬吐司。

04 焗烤肉醬管麵：加熱番茄肉醬，淋在煮好的筆管麵上，撒點起司絲，放烤箱焗烤。

179

小雞腿即食包

　　對我來說，小雞腿是下廚時最討喜的救急菜，因為我會把小雞腿滷成很受家人喜愛的鹹甜鹹甜味道，每次不想下廚或演講工作忙碌時就拿出來，可以當主菜，也可以是便當菜。由於它不是真正的雞腿，個頭不大，我曾經把小雞腿給一個不愛吃飯的小娃娃，結果他一口氣吃了三隻，還很神氣地用小手跟他媽媽比三，邊說：「我吃了三個好大好大的雞腿！」

保存期
—
2 個月

材料	小雞腿 4 隻	大蒜 2 粒	醬油 1 大匙
	薑 1 小截	水 1 杯	砂糖 1/2 匙
	蔥 1 根		鹽適量

做法

01 大蒜切片、薑切片（我習慣用 3～4 片）、蔥切段，備用。

02 洗淨小雞腿，用刀子稍稍劃切開來，用廚房紙巾擦乾水分。

03 加熱鍋子，先排入蒜片，再放小雞腿，以及薑片、蔥段。

04 煎到兩面金黃後，加入醬油、砂糖、水，以鹽調味，炒到略收汁即可起鍋。

05 待小雞腿放涼之後，以不重疊方式一隻隻擺入密封袋，冷凍保存。

食用法

直接放微波爐或電鍋加熱。

recige
—
08

客家小炒即食包

　　客家小炒要用到很多種材料，我不想為了只炒一盤而讓每種材料都剩下，所以每次都會把買的材料全用上，一炒就是一鍋，並依照不想吃膩的原則，只留一盒（約兩餐）的量放在冷藏庫，其他當成即食包處理。

保存期
2 個月

材料

五花肉絲 1 斤	魷魚 1 條	砂糖 1 小匙
豆干 1 斤	大蒜 2 粒	醬油 1 大匙
蝦米 5 大匙	蔥 2 根	白胡椒粉少許

做法

01 魷魚泡發、蝦米泡水後分別瀝乾水分,將豆干和魷魚切絲,蔥切段、大蒜切末備用。

02 加熱鍋子,放入五花肉絲炒香,先盛起。

03 接著炒香蒜末和蝦米。

04 放入豆干絲拌炒,再加入魷魚繼續炒香。

05 最後放入做法 *02* 的五花肉絲,全部拌炒均勻,以醬油、砂糖、白胡椒粉調味。

06 起鍋前加蔥段,炒勻後即可起鍋。

07 待客家小炒放涼之後,依食用份量裝入密封袋分包,冷凍保存。

食用法

01 想加菜或臨時有客人造訪的時候,就從冷凍庫取出來,放在小鍋裡小火加熱,味道跟現炒的沒兩樣。

02 若是有新鮮的芹菜、蔥段或花生米加入,就更受歡迎,我喜歡有客家小炒做成的即食包備著,有隨時可以加菜的開心感覺。

筍乾焢肉即食包

　　滷筍絲做法不難，只是有點耗時間，我做的是減油版本，先把需要的所有食材全買回來，前一天先泡開筍乾、第二天慢慢滷香筍絲。煮好一大鍋比較方便，結算下來比外面賣的便宜好幾倍，少油又健康，一次辛苦換來好幾餐輕鬆又省錢，值得自己做。

保存期
2 個月

材料

筍乾 600 公克　　　　醬油 50 公克
豬五花肉 900 公克　　砂糖 1 大匙
蔥綠 1 把　　　　　　水（或高湯）適量

做法

01 筍乾先泡水一晚,隔天用清水洗淨,放入已裝水的湯鍋裡汆燙後撈起,再次用清水洗淨,接著切段;蔥綠切段備用。

02 洗淨豬五花肉,放入冷水鍋,倒入淹過肉塊的水量,以中小火煮滾後撈起,用清水洗淨後切塊。

03 將五花肉塊、筍乾放入燉鍋中,加入水或高湯,放入蔥段、醬油、砂糖,以小火煮到肉塊熟軟即可起鍋。

04 待筍乾焢肉放涼之後,依食用份量裝入密封袋分包,冷凍保存。

食用法

直接放微波爐或電鍋加熱。

recipe
—
10

滷
味
即
食
包

　　每次去吃麵，孟爺總會點滷味，特別是滷花生，小小一盤要 50 元左右，
我有點不甘願，因為滷花生很容易做，只要把花生泡水一個晚上，隔天放入
壓力鍋，加點醬油、八角煮個 30 分鐘就很香（醬油的量請依個人口味決定）。
自己滷還可以決定花生品質，我會到有機店選購品質好又漂亮的，一次煮 1
斤，是吃麵或下酒良伴。

保存期
—
2 個月

材料

豬腱肉 6 個
豆干 1 斤
雞蛋 10 個
醬油 適量

【滷味香料】
薑 8 公分
蔥綠 1 把
八角 2 ～ 3 個

大蒜 8 ～ 10 粒
辣椒適量

做法

01 備一冷水鍋，放入豬腱肉煮滾，撈起備用。

02 洗淨豆干，放入滾水鍋中燙一下後撈起；雞蛋煮熟，剝去蛋殼備用。

03 將豬腱肉、豆干、滷味香料（薑先切片、蔥綠切大段）放燉鍋裡，加入蓋過所有材料的水分，加入醬油。

04 待豬腱肉、豆干煮到軟（依個人喜好的軟硬度），此時關火，燜到入味。

05 撈起入味的豬腱肉、豆干，再放入白煮蛋，用滷汁浸泡入味。

06 待滷味放涼之後，裝入密封袋分包，冷凍保存。

食用法

01 處理豬腱肉和豆干時，建議戳幾個小洞，這樣滷的時候入味較快。

02 除了直接當滷味吃，還可配麵飯粥、油飯或滷豬腳喔。

法
式
吐
司
即
食
包

　　每次做法式吐司的時候，我都會被要用多少牛奶跟雞蛋所困擾，有時吐司泡在牛奶雞蛋液裡的時間稍多幾秒的話，量就不夠用，但有時又會剩下，總是抓不準用量，乾脆做成法式吐司即食包，是大人小孩都會喜歡的早餐或點心。

保存期
2 個月

材料

雞蛋 3 顆
牛奶適量（和蛋液一樣多的量）

吐司片數片
（依食用人數）

做法

01 將所有雞蛋打入大碗，倒入與雞蛋等量的牛奶打散打勻，倒入大的平盤裡。

02 將吐司放入蛋奶液裡，讓吐司兩面都吸滿蛋奶液，一片一片放在鋪有保鮮膜的砧板上，放冰箱冷凍。

03 將凍好的吐司，集中放到密封袋，冷凍保存。

食用法

食用時，將冷凍吐司片直接放鍋裡，煎至兩面金黃即可享用。

我把冰箱變財庫！

從採買到食材管理與收納，讓我省錢投資、環島旅行，還減重 12 公斤

作者	楊賢英（部分圖片提供）
特約攝影	陳家偉
封面與內頁設計	megu
責任編輯	蕭歆儀

總編輯	林麗文
副總編	梁淑玲、黃佳燕
主編	高佩琳、賴秉薇、蕭歆儀
行銷總監	祝子慧
行銷企劃	林彥伶、朱妍靜

出版	幸福文化／遠足文化事業股份有限公司
發行	遠足文化事業股份有限公司（讀書共和國出版集團）
地址	231 新北市新店區民權路 108 之 2 號 9 樓
郵撥帳號	19504465 遠足文化事業股份有限公司
電話	(02) 2218-1417
信箱	service@bookrep.com.tw

法律顧問	華洋法律事務所 蘇文生律師
印製	博創印藝文化事業有限公司

出版日期	西元 2023 年 8 月 初版一刷
定價	380 元
ISBN	9786267311264　書號 0HDC0026
ISBN	9786267311394（PDF）
ISBN	9786267311400（EPUB）

特別聲明：有關本書中的言論內容，不代表本公司／出版集團的立場及意見，文責由作者自行承擔。

國家圖書館出版品預行編目 (CIP) 資料

我把冰箱變財庫！從菜市採買到食材管理保存，讓我省錢、存錢投資、環島，還減重 12 公斤 / 楊賢英著 . -- 初版 . -- 新北市：幸福文化出版社出版：遠足文化事業股份有限公司發行, 2023.08
　面；　公分
ISBN 978-626-7311-26-4(平裝)

1.CST: 食品保存 2.CST: 冷凍食品 3.CST: 食譜

427.74　　　　　　　　　　　　　　　112008671